W0262246

Springer-Verlag Berlin Heidelberg GmbH

Zeitschrift für angewandte Chemie.

Organ des Vereins deutscher Chemiker.

Herausgegeben

von

Prof. Dr. Ferd. Fischer in Göttingen.

—— Erscheint monatlich zweimal. ——

Preis für den Jahrgang M. 20,—.

Die Zeitschrift berichtet, unterstützt von hervorragenden Fachleuten, in übersichtlicher Anordnung über alle das Gesammtgebiet der angewandten Chemie betreffenden Vorkommnisse und Fragen in *Originalarbeiten* und in *Berichten* aus etwa 170 deutschen und ausländischen Zeitschriften, sowie die hierher gehörenden *Patente* des In- und Auslandes.

Zu beziehen durch jede Buchhandlung.

Die
Fabrikation der Weinsäure.

Von

Dr. Hermann Rasch.

Mit in den Text gedruckten Abbildungen.

Springer-Verlag Berlin Heidelberg GmbH 1897

ISBN 978-3-662-39379-6   ISBN 978-3-662-40435-5 (eBook)
DOI 10.1007/978-3-662-40435-5

Alle Rechte, insbesondere das der Uebersetzung
in fremde Sprachen, vorbehalten.

Buchdruckerei von Gustav Schade (Otto Francke) in Berlin N.

Vorwort.

Ausser einer im Jahre 1896 erschienenen Arbeit V. Hölbling's sind Mittheilungen über die Fabrikation der Weinsäure seit längerer Zeit nicht veröffentlicht. Da die Menge des Rohmaterials für die Weinsäure-Industrie durch die Weinproduktion begrenzt ist, treibt der Wettbewerb der Fabriken nicht nur zu niedrigeren Preisen der fertigen Fabrikate, sondern auch zu einer Vertheuerung des Rohmaterials. Bei diesen eigenartigen Verhältnissen liegt ein Austausch der in den einzelnen Fabriken gesammelten Betriebs-Erfahrungen im Interesse der Industrie, damit eine Verständigung über den berechtigten Werthunterschied der Weinsäure im Rohmaterial und im fertigen Fabrikat erzielt wird.

Die vorliegende Arbeit erscheint mit Einwilligung der beiden Firmen, in deren Fabriken ich während einer fast 9 jährigen Thätigkeit Erfahrungen in der Weinsäure-Industrie gesammelt habe. Für die Bereitwilligkeit, mit welcher sie der Veröffentlichung dieser Abhandlung zugestimmt haben, spreche ich den Firmen hiermit meinen besten Dank aus.

Für einzelne mitgetheilte Beobachtungen lässt sich vielleicht auch in anderen Industrie-Zweigen Verwendung finden. Es würde mich daher freuen, wenn die folgende Arbeit auch über die Kreise der Weinsäure-Techniker hinaus einiges Interesse erwecken sollte.

Potsdam, Juli 1897.

H. R.

Inhaltsverzeichniss.

Litteratur.

I. Analytisches.

Aeltere Methoden, Analyse Warington und Bitartrat-Bestimmung.

Dotto-Scribani, Gazetta chim. ital. 1878, 511.
Scheurer-Kestner, Comp. rend. 86, 1024. Bullet. d. l. soc. chim. 29, 451.
 Ztschr. f. anal. Chem. 18, 111.
Oliveri, Gazetta chim. ital. 14, 453.
P. Carles, Les dérivés tartriques, Paris, G. Masson 1892.
Warington, Journ. chem. society 1875, XIII, 925—994.
Grosjean, Journ. chem. society 1879, XXV, 341 ff., ibid. 1883, XLIII, 331 ff.
A. Bornträger, Ztschr. anal. Chem. 25, 327—359 u. 26, 699—714.
F. Klein, Ztschr. anal. Chem. 24, 379—388.
B. Philips & Co., Ztschr. anal. Chem. 29, 577.

Analyse Goldenberg, alte Methode.

Goldenberg, Géromont & Co., Ztschr. anal. Chem. 22, 270.
L. Weigert, Ztschr. anal. Chem. 23, 357.
G. Kaemmer, Chemiker-Ztg. 1885, 244.
Gantter, Ztschr. anal. Chem. 26, 714—719.
v. Lorenz, Ztschr. anal. Chem. 27, 8. Chemiker-Ztg. 1889, 693.

Analyse Goldenberg, Salzsäure-Methode.

Goldenberg, Géromont & Co, Chemiker-Ztg. 1888, 390.
Nienburger Fabrik, Chemiker-Ztg. 1889, 160.
P. Boessneck, Chemiker-Ztg. 1889, 356.
H. Heidenhain, Ztschr. anal. Chem. 27, 681—706.
Dr. Lampert & Co., Chemiker-Ztg., 1890, 903.

II. Fabrikation.

Kuhlmann *), Wagner's Jahresber. 1858, 431 (Behandeln mit kohlensaurem
    Baryum).

Kessler *), A. W. Hofmann's Reports by the juries, London 1863, 112
    (Flusssäureverfahren).

Dietrich u. Schnitzer, D.R.P. No. 1758 (Erhitzen der Weinhefe).

Dietrich, Oesterr. Pat. IV/1008 v. 4./III. 78 (Röstverfahren).

Dietrich *), D.R.P. No. 286 v. 19./IV. 78 (Kochen unter Druck mit Kreide).

Dietrich *), Oesterr. Pat. 35/107 v. 29./V. 85 (Kochen mit Salzsäure).

Goldenberg *) D.R.P. No. 6309 v. 3./X. 78 (Gewinnung von Kalihydrat).

Muspratt's Techn. Chemie, Bd. 7 (3. Auflage), S. 1006—1024.

Gladysz *), D.R.P. No. 37352 u. 42485 (Ausziehen mit schwefliger Säure).

Martignier *), D.R.P. 53407 v. 17./XII. 89 (Behandeln mit schwefelsaurem
    Alkali).

Naquet *), D.R.P. No. 64401 (1892) (Darstellung der Weinsäure aus Stärke).

Bollo, Berliner Ber. 22, 750 (Reduktion der Weinsäure durch Ferrosalze).

Schmitz & Toenges, D.R.P. No. 90413 (Entfärben mit unterchloriger Säure).

Rasch, D.R.P. No. 92650 (Neutrales Verfahren, Patent ist erloschen).

V. Hölbling, Mtthlgn. technol. Gew.-Museum. Wien, 1896, 131 u. 167.

Jungfleisch, Comp. rend. 85, 805. Chem. Centralbl. 1874, 295. Chem.
    Centralbl. 1877, 819. Bull. d. l. soc. chim. XXI, 146. Berl. Ber.
    7, 186 (Bildung von Traubensäure und inaktiver Weinsäure).

Dietrich, D.R.P. No. 10111 (Ausfällen der alten Laugen auf Weinstein).

Halenke & Möslinger, D.R.P. No. 71369 (Behandeln der alten Laugen mit
    Magnesia-Salzen).

---

*) Die Verfahren haben, wie auch Hölbling hervorhebt, niemals praktische Bedeutung gewonnen und können daher im Folgenden unberücksichtigt gelassen werden.

Die Rohmaterialien der Weinsäure-Industrie.

Die Hauptprodukte der Weinsäure-Industrie bilden Weinsäure und Weinstein. Aus ihnen werden noch folgende chemische Produkte technisch gewonnen, welche für den Handel von geringerer Bedeutung sind: Seignette-Salz, neutrales weinsaures Kali, Brechweinstein, Natriumtartrat, Natriumbitartrat und Eisenweinstein. Der weitaus wichtigste Zweig der Weinsäure-Industrie ist die Darstellung der Weinsäure selbst. Die Fabrikation dieser Säure, welche namentlich in der Färberei und ferner für Genusszwecke verwandt wird, soll im Folgenden eingehend beschrieben werden.

Die für die Weinsäure-Industrie in Betracht kommenden Rohmaterialien sind sämmtlich Abfall-Produkte der Wein-Gewinnung aus Trauben. Die jährliche Gesammt-Produktion an Wein in den Kulturländern kann durchschnittlich zu 120 Millionen hl angenommen werden. Da 1 hl Wein etwa 1 kg trockenes, weinsäurehaltiges Rohmaterial liefert, kann die Gesammt-Produktion an derartigen Materialien zu 120 Millionen kg im Jahr angenommen werden, wovon jedoch nur etwa 3 Viertel, also 90 Millionen kg mit einem Weinsäure-Gehalt von ungefähr 20 Millionen kg zur fabrikmässigen Verarbeitung gelangen mögen. An fertigen Produkten werden hieraus nach Schätzung jährlich im Durchschnitt gewonnen: etwa 11 Millionen kg Weinsäure und 8 Millionen kg Weinstein, entsprechend 6,4 Millionen kg Weinsäure. Der Gesammt-Werth der jährlich durch die Weinsäure-Industrie producirten Waaren kann hiernach zu etwa 36 Millionen M. angenommen werden.

Nach Deutschland wurden an weinsäurehaltigen Rohmaterialien importirt:

	an Weinhefe:	an Rohweinstein:
1893	55 368 dz	16 622 dz
1894	49 519 -	15 719 -
1895	50 589 -	12 764 -
1896	41 673 -	15 348 -

Die Produktion an fertiger Waare in Deutschland wird
gegenwärtig etwa 2 Millionen kg Weinsäure und 0,5 Millionen kg
Weinstein (entsprechend 0,4 Millionen kg Weinsäure) im Jahr
betragen. Die Ausfuhr betrug in den letzten Jahren:

	an Weinstein:	an Weinsäure:
1893	6443 dz	11 756 dz
1894	4756 -	11 617 -
1895	6313 -	11 462 -
1896	4807 -	10 985 -

Die für die Weinsäure-Industrie in Betracht kommenden
Rohmaterialien lassen sich unter folgenden Bezeichnungen zusammenfassen: Weinhefe, Rohweinstein, weinsaurer Kalk. Die
Weinsäure ist in diesen Materialien als Weinstein (Kaliumbitartrat), als neutrales Calciumtartrat oder als Gemisch dieser
beiden Salze enthalten.

1. Weinhefe.

Man bezeichnet mit diesem Namen die Gesammt-Menge
der festen Bestandtheile, welche sich aus dem Traubensaft
während der Gährung niederschlagen und nach Beendigung
des Gährprocesses sich als Bodensatz in den Fässern vorfinden.
Die Weinhefe enthält ausser den Hefezellen und den mehr
oder weniger zufälligen Verunreinigungen des Traubensaftes
(wie Schalen, Rippen, Kerne der Trauben): Kaliumbitartrat
und neutrales Calciumtartrat, ferner kleinere Mengen anorga-
nischer Salze, wie phosphorsauren Kalk und Eisensalze, endlich noch etwa zur Behandlung des Weines verwandte Materialien, wie Thon, Schwefel und Gyps.

In den Winter-Monaten nach beendeter Gährung wird der neue Wein von dem festen Rückstande, der Weinhefe, abgezogen. Die Weinhefe selbst wird in mehr oder weniger einfacher Weise unter Verwendung von Filtertüchern abgepresst, um die letzten Mengen Wein zu gewinnen. Das erhaltene Rückstands-Produkt heisst „feuchte" oder „grüne" Weinhefe, auch wohl nach der Konsistenz „flüssige" oder „Teig"-Hefe. Die teigförmige Hefe stellt eine klebrige, lehmartige, schmutziggraugelb oder röthlich bis dunkelroth gefärbte Masse von einem eigenthümlichen, an Wein erinnernden, gleichzeitig widerlichen Geruch dar. Zuweilen wird diese Weinhefe mit Zuckerwasser versetzt, zur Gewinnung einer geringen Weinsorte auf's Neue der Gährung überlassen, oder sie wird mit Wasser oder verdünnter Salzsäure ausgezogen, um die vorhandene Weinsäure in ein höherprocentiges Material überzuführen. In beiden Fällen pflegt der Weinsäure-Gehalt der Hefe so weit zu sinken, dass dieselbe nur noch als Düngemittel verwendbar ist.

Die wie oben gewonnene, nicht ausgewässerte Weinhefe dient der Weinsäure-Fabrikation als wichtigstes Rohmaterial, dessen Verwendung angeblich Seybel in Liesing bei Wien in den 60er Jahren zuerst vorgeschlagen hat. Die Weinhefe wird zuweilen, bei nicht zu weitem Transport, gleich im feuchten Zustand der Fabrik zugeführt und in dieser Form verarbeitet. Indessen stellt die feucht verarbeitete Weinhefe gegenwärtig eine verhältnissmässig sehr geringe Menge dar. Das weitaus grösste Quantum von Weinhefe wird zunächst am Produktions-Ort getrocknet. Es geschieht dies meistens in einfachster Weise durch feines Zerzupfen der teigigen Masse von Hand und Trocknen an der Luft oder in einfach eingerichteten Trockenkammern. Das Trocknen muss möglichst beschleunigt werden. Nach dem Verdunsten des in der Hefe befindlichen Alkohols findet sonst bald eine lebhafte Entwicklung von Spaltpilzen statt, durch deren Lebensthätigkeit der vorhandene Weinsäure-Gehalt schnell zurückgeht und überdies die spätere Verarbeitung der Hefe wesentlich erschwert wird. Das Zerkleinern und Umwenden der Weinhefe muss sorgfältig vorgenommen und oft wiederholt werden, weil die Hefe sich an der Oberfläche leicht mit einer harten Kruste überzieht, unter welcher sich das Innere der Stückchen feucht erhält und damit ebenfalls dem schnellen Verderben ausgesetzt ist. Die trockene Weinhefe stellt eine Waare dar, welche aus gelblichen bis dunkelrothen, zackig unregelmässigen Stücken bis Wallnussgrösse und darüber besteht. Ihr Gefüge ist je nach der Herkunft bröcklig, hart, spröde oder mehr oder weniger zäh. Der Geruch ist nicht unangenehm, an Wein und Heu erinnernd, der Geschmack, vom Bitartrat herrührend, angenehm säuerlich.

Zur allgemeinen Charakterisirung der trockenen Weinhefen, wie sie in den verschiedenen weinbauenden Ländern producirt werden, mögen die folgenden Bemerkungen dienen.

Die italienischen Hefen stellen die Hauptmenge der an Markt kommenden Waare dar. Die italienische Weinernte fällt in die Monate August, September, der Wein wird im November, December abgestochen, die ersten frischen Hefen kommen daher, wenn die Witterung für das Trocknen günstig ist, in den Monaten Januar, Februar zum Versand. Die italienischen Hefen enthalten nicht unter 20 Proc. und nur selten über 30 Proc. Weinsäure, grösstentheils in der Form von Bitartrat. Die an Kalk gebundene Weinsäure beträgt im Mittel 5—6 Proc. (bezogen auf das Gewicht der Weinhefe). Hefen von einem minderen Gehalt als 20 Proc. Gesammtweinsäure werden von den Exporteuren mit hochprocentigem Material entsprechend angereichert. Die Hefen werden gewöhnlich gehandelt auf Basis von 24 Proc. Gesammt-Säure, indem sich Käufer und Verkäufer gleichzeitig über einen Schiedsanalytiker bei etwaigen Analysen-Differenzen einigen. Der vereinbarte Preis gilt für 24procentige Waare: etwaiger höherer oder minderer Gehalt an Weinsäure wird entsprechend in Anrechnung gebracht. Die italienischen Hefen sind durchgehends von schöner Qualität und demgemäss hoch im Preise. Sie werden in England, Nordamerika, Frankreich und Deutschland verarbeitet, zum kleinen Theil auch in Italien selbst.

Die französischen Hefen ähneln in ihrem Charakter den italienischen Provenienzen, sind im Weinsäure-Gehalt etwas niedriger als diese und werden wohl ausschliesslich im Ursprungslande verarbeitet.

Oesterreichisch-ungarische (Rumänische, Serbische, Bulgarische) Hefen sind im Allgemeinen charakterisirt durch eine beim Anrühren mit Wasser und daher bei der Verarbeitung hervortretende klebrige, leimige Beschaffenheit. Zuweilen, wie z. B. bei den steyrischen Hefen, zeigt sich diese Eigenschaft schon bei der trockenen Hefe durch eine eigenthümliche lederartige Konsistenz. Diese Eigenschaft rührt wohl theils von der Zusammensetzung der Trauben-Moste her, hauptsächlich aber von der Art des Trocknens, welches trotz der ungünstigen klimatischen Verhältnisse durchgehends im Freien erfolgt. Die Hefen enthalten 16—22 Proc. Gesammt-Weinsäure bei geringem Gehalt an weinsaurem Kalk. Die Verarbeitung erfolgt hauptsächlich in den österreichisch-ungarischen Fabriken.

Unter dem Namen Levantiner Hefen werden dalmatinische, griechische, türkische, südrussische, kleinasiatische Hefen zusammengefasst. Der Weinsäure-Gehalt dieser Hefen ist oft sehr hoch, bis 40 Proc. und darüber, weil es vielfach üblich ist, den Wein auf der Hefe lagern zu lassen, so dass diese gleich mit dem später aus dem Wein sich abscheidenden Weinstein vermengt wird. Die Hefen enthalten, abgesehen von einigen Gegenden Griechenlands, nur wenig weinsauren Kalk. Eigenartig ist der Gehalt von manchen dieser Hefesorten an Harz, welches bereits seit dem Alterthume in diesen Gegenden dem Most zur Parfümirung des Weins zugesetzt wird und so auch diesen Hefen einen charakteristischen, nicht unangenehmen Geruch ertheilt. Die Hefen, auch die harzhaltigen, verarbeiten sich gut und sind deshalb eine gesuchte Handelswaare.

Die spanischen Hefen sind ausgezeichnet durch einen hohen Gehalt an weinsaurem Kalk, welcher nach Warington bedingt ist durch das in Spanien allgemein übliche Gypsen des Weins. Sowohl im Weinsäure-Gehalt wie auch in der Leichtigkeit der Verarbeitung zeigen sie grosse Verschiedenheiten, welche abgesehen von dem Einflusse der Witterungs- und Boden-Verhältnisse in den einzelnen Gegenden augenscheinlich von der grösseren oder geringeren auf das Trocknen verwandten Sorgfalt herrühren. Am gehaltreichsten sind die Hefen der Provinz Mancha. Die spanischen Hefen sind in den letzten Jahren von grosser Bedeutung für die europäischen Weinsäure-Fabriken geworden und haben die italienischen Hefen wegen des hohen Preises der letzteren vielfach vom Markte verdrängt.

Deutsche und amerikanische Hefen sind z. Z. für die Weinsäure-Grossindustrie von durchaus untergeordneter Bedeutung.

Einige ausführliche Hefen-Analysen giebt Warington, welche hier angeführt werden mögen; sie geben eine gute Uebersicht über das Material, wenn auch die angewandten analytischen Methoden nicht mehr vollständig mit den jetzt üblichen übereinstimmen:

	I Französische Hefe	II Spanische Hefe	III Spanische Hefe
Weinsäure als saures Tartrat . . .	4,48	5,27	22,66
Weinsäure als neutrales Tartrat . .	21,34	19,13	11,67
Gesammt-Weinsäure	25,82	24,40	34,33
Wasser (bei 100°)	11,305	10,694	9,750
Sand	4,600	4,900 }	4,730
Kieselsäure	2,130	1,960 }	
Eisenoxyd	0,394	0,351	0,214
Thonerde	0,844	0,832	0,578
Phosphorsäure	0,527	0,486	0,569
Kalk	10,567	10,600	4,514
Magnesia	0,327	0,363	0,209
Kali	1,868	2,123	[7,115][2]
Soda	0,100	0,060	—
Schwefelsäure	4,566	5,729	—
Chlor	0,040	0,042	—
Kohlensäure	0,435	0,388	—
Weinsäure (wasserfrei)	22,721	21,472	30,210
Gebundenes Wasser[1]	5,904	5,552	4,159
Organische Substanz	33,672	34,448	[37,952]
	100,000	100,000	100,000

[1] Bei der Berechnung des gebundenen Wassers ist angenommen, dass Calciumtartrat die Hälfte und Gyps ein Viertel seines Krystallwassers bei 100° zurückhält.

[2] Die Zahl ist aus der Acidität berechnet.

2. Rohweinstein.

Unter dem Namen Rohweinstein fassen wir alle weinsäure-haltigen Rohmaterialien zusammen, welche mehr als 40 Proc. Weinsäure, grösstentheils oder wenigstens theilweise in der Form von Bitartrat enthalten.

Nach der Gährung und dem Absetzen der Hefe scheiden sich aus dem Weine weitere Mengen von Weinstein ab, welcher aus diesem Grunde je nach der Behandlung des Weins mehr oder weniger mit Hefe vermengt ist. Es besteht daher kein scharf begrenzter Unterschied zwischen Weinhefe und Roh-weinstein. Schon oben wurde erwähnt, dass manche Levan-tiner Hefen deshalb so hohen Weinstein-Gehalt besitzen, weil es in jenen Gegenden üblich ist, den Wein über der Hefe aufzubewahren. Derartige hochprocentige Hefen stehen den eigentlichen Rohweinsteinen sehr nahe und werden wohl auch als „Hefenweinstein" bezeichnet. In Italien und den anderen Weinbau treibenden Ländern, wo der neue Wein möglichst sorgfältig von der Hefe getrennt wird, ist der nachträglich aus dem Wein ausfallende Weinstein — Fassweinstein — meist reiner. Er enthält neben schwach verunreinigtem Bitartrat als Beimischung in der Hauptsache nur weinsauren Kalk und von den Fasswänden herrührende Holztheile. Letztere Beimengung findet sich besonders dann reichlich vor, wenn, wie bei hohen Weinsteinpreisen, das Ausklopfen der Fässer jährlich vorge-nommen wird. Lässt man es dadurch, dass jedes Jahr neuer Wein wieder in die gleichen Lagerfässer abgezogen wird, zur Bildung mehrjähriger Weinsteinkrusten kommen, so wird weniger verunreinigte Waare erzielt, zuweilen sogar ein Wein-stein, welcher direkt in der Zeugfärberei oder zu Metallbeizen verwandt werden kann.

Ausser diesem der Menge nach nicht sehr bedeutenden Produkt kommen im Handel Rohweinsteine vor, welche durch Auskochen weinsteinhaltiger Materialien mit Wasser, Abziehen der Lauge von dem Rückstand und Auskrystallisiren gewonnen sind. So erhält man aus minderwerthigen Hefen und aus den

Weintrestern Rohweinsteine, welche als Hefenkrystalle, Trester-floss, italienisch Vinaccia bezeichnet werden. Die aus besseren Weinhefen u. s. w. in gleicher Weise gewonnenen, nach ihrem Hauptproduktions-Ort benannten St.-Antimo-Krystalle kommen ihres hohen Preises wegen für die Weinsäure-Fabrikation nicht in Betracht. Während dem chemisch reinen Weinstein ein Weinsäure-Gehalt von 79,7 Proc. zukommt, enthalten die Antimo-Krystalle 75—78 Proc. Weinsäure und können somit entweder ohne weitere Reinigung der technischen Verwendung zugeführt werden oder werden auf krystallisirten weissen Weinstein — cristalli tartari — umgearbeitet.

Die bei Darstellung der Halbfabrikate sich ergebenden Restlaugen, ebenso die allmählich verschlechterten Mutterlaugen der Weinstein-Raffinerien werden unter Zusatz von Kalk ge-fällt. Die erhaltenen Produkte — Limo, Sablons genannt — stellen Rohweinsteine von verhältnissmässig hohem Gehalt an weinsaurem Kalk dar. Man vermeidet es, aus derartigen Rest-laugen durch völliges Neutralisiren mit Kalk und Zusatz von Chlorcalcium die Weinsäure als Kalksalz gänzlich auszufällen, um nicht Produkte zu erzielen, welche so stark durch Thon-erde und phosphorsauren Kalk verunreinigt wären, dass sie für die Weinsäure-Fabrikation nahezu unbrauchbar würden.

Sämmtliche als Rohweinstein beschriebene Produkte stellten ursprünglich das Hauptrohmaterial der Weinsäure-Fabrikation dar. Seit es indessen in den letzten 25 Jahren, zuerst nament-lich den Bestrebungen der deutschen Weinsäure-Industrie ge-lungen ist, die Schwierigkeiten zu beseitigen, welche sich der Verarbeitung der Weinhefe auf Weinsäure entgegenstellten, ist die Verwendung von Rohweinsteinen zur Weinsäure-Fabri-kation wesentlich eingeschränkt. Während das kg Wein-säure im Rohweinstein z. Zt. etwa 1,30 M. kostet, stellt sich der Preis des kg Weinsäure in der Hefe nur auf 1,20 M. Der Preisunterschied war in früheren Jahren noch bedeutender. So zieht man es vor, als Hauptrohmaterial Weinhefe zu ver-wenden und benutzt Rohweinstein nur als Anreicherungs-material, um die Produktionsziffer der Fabrik auf der beabsichtigten Höhe zu erhalten. Die guten Rohweinstein-Sorten finden somit ihre Hauptverwendung bei der Darstellung gereinigten Weinsteins.

3. Weinsaurer Kalk.

Die Darstellung von weinsaurem Kalk als Rohmaterial für die Weinsäure-Industrie ist häufig in kleineren Fabriken der weinbautreibenden Länder ausgeführt worden. Die Betriebe sind vielfach aus Mangel an Rentabilität wieder eingegangen. Indessen kommen noch fortdauernd kleinere Posten von weinsaurem Kalk an den Markt. Das Verfahren in diesen Betrieben ist kurz das folgende: Frische feuchte Weinhefe und -Trester werden zur Gewinnung des Hefebranntweins mit Wasser angerührt. Hierauf wird aus der Masse der Alkohol abdestillirt. Der erhaltene weinölhaltige Branntwein ist im Handel geschätzt und dient zur Cognak-Fabrikation. Der Destillations-Rückstand wird mit verdünnter Salzsäure gekocht. Man lässt die Hefemassen absitzen, dekantirt einige Male, presst schliesslich den Rückstand in Filtersäcken aus und fällt aus den erhaltenen Laugen die Weinsäure als Kalksalz durch Neutralisation mit Kreide. Bei genügender Sorgfalt wird ein schönes Produkt erzielt. Doch kommen häufig genug Waarenposten an den Markt, welche mit Hefe, Kreide oder anorganischen Salzen verunreinigt sind und welche ausserdem noch durch Gährung in Folge zu langsamen oder ungenügenden Trocknens gelitten haben.

Analytische Methoden.

I. Die Weinsäure-Bestimmung.

Für die analytische Bestimmung der Weinsäure ist die Fällung der beiden charakteristischen Salze dieser Säure, des in Wasser unlöslichen Kalksalzes und des schwer löslichen sauren Kaliumsalzes von verschiedenen Autoren in Vorschlag gebracht. Die analytischen Methoden von Dotto-Scribani, Scheurer-Kestner und Oliveri, welche sich auf die Abscheidung des Calciumsalzes gründen, sind gegenwärtig allgemein verlassen, einmal weil manche andere organische Säuren schwer lösliche Kalksalze bilden, ferner weil die Methoden verhältnissmässig zeitraubend und umständlich sind, hauptsächlich aber, weil mit dem weinsauren Kalk viele Verunreinigungen, wie Thonerde- und Eisenverbindungen, sowie phosphorsaure Salze ausfallen, welche die Bestimmung unsicher machen. Die Methoden können hier somit übergangen werden.

Bei den analytischen Verfahren, welche sich auf die Schwerlöslichkeit des sauren Kaliumsalzes der Weinsäure gründen, wird die Menge des ausgeschiedenen Bitartrats ganz allgemein nicht durch Wägung, sondern durch Titration bestimmt. Am besten eignet sich hierzu Kalilauge, und zwar möchte ich im Gegensatz zu den meisten Autoren, welche durchgehends stärkere Laugen vorschlagen, die Anwendung von $1/_{10}$-Normal-Kalilauge empfehlen. Diese Lauge hat den entschiedenen Vortheil, dass ein die Erkennbarkeit der Endreaktion übersteigender Ablesungsfehler vermieden wird. Man erhält deshalb selbst bei Verwendung geringerer Substanzmengen zur Analyse schärfere Resultate, als wenn man z. B. mit $^1/_2$-Normal-Kalilauge titrirt. Unbedingt muss die Lauge vollständig kohlensäurefrei sein; sie wird daher zweckmässig in einer mit Heber zum Nachfüllen der Bürette verbundenen grösseren Vorrathsflasche so aufbewahrt, dass eine Berührung der Lauge mit kohlensäurehaltiger Luft vermieden wird. Die annähernde Einstellung der Lauge erfolgt am einfachsten mit $^1/_{10}$-Normal-Oxalsäure, von welcher man sich für den genannten Zweck schnell das erforderliche Quantum durch Lösen von 6,3 g in Wasser zu einem Liter bereiten kann. Die genaue Einstellung oder die Ermittlung des Fehlers der Lauge muss sodann mit reinem Kaliumbitartrat vorgenommen und etwa alle 8 Tage sorgfältig wiederholt werden. Einen für diesen Zweck geeigneten Weinstein erhält man durch Umkrystallisiren von chemisch reinem Bitartrat des Handels. Schon vor der Umarbeitung soll dieser Weinstein nach dem Veraschen und Ausziehen des Rückstandes mit verdünnter Salzsäure weder mit Ammoniak, noch nach Zusatz von oxalsaurem Ammonium oder Schwefelammonium zu der schwach ammoniakalischen Lösung, eine Trübung oder Färbung geben. Derartiges Bitartrat krystallisirt man aus heissem Wasser um, indem man durch Rühren die Bildung grösserer Krystalle verhindert, und trocknet das erhaltene Produkt, nachdem man es einige Male unter Dekantiren mit kaltem Wasser ausgewaschen hat, zunächst bei 100°, sodann noch eine Stunde bei 105° C. In einer gut mit Glasstopfen verschlossenen Flasche aufbewahrt, ist solcher Weinstein vollkommen unveränderlich und kann als Urtitersubstanz nach dem Vorgange von A. Bornträger durchaus empfohlen werden. Seine Verwendung für die Titration von Weinstein ist unbedingt geboten, weil man nur dadurch die Gewissheit der gleichen Endreaktion bei dem zu analysirenden Material und der Titersubstanz gewinnt.

Als Indikator bei Weinstein-Titrationen wird allgemein empfindliches Lakmuspapier angewandt. N. v. Lorenz empfahl Lakmustinktur statt des Papiers, hat mit diesem Vorschlag aber allseitigen, durchaus berechtigten Widerspruch gefunden, weil die Endreaktion in den mehr oder weniger stark gefärbten Weinstein-

Lösungen von verschiedenen Beobachtern nicht gleichmässig bestimmt werden kann. Wir werden uns mit der Indikator-Frage noch weiter unten zu beschäftigen haben. Es möge indessen gleich hier hervorgehoben werden, dass für den Handel mit weinsäurehaltigen Materialien nur bei Ausführung der Titrationen mit empfindlichem Lakmuspapier eine zuverlässige Grundlage gewahrt werden kann. Für bestimmte Betriebszwecke ist, wie später gezeigt wird, die Verwendung eines anderen Indikators erforderlich.

Zur Erzielung gleichmässiger Resultate bei sämmtlichen Weinstein-Titrationen ist es nothwendig, dass die Endreaktion in der Siedhitze bestimmt wird. Man kocht die weinsteinhaltige Lösung, titrirt bis nahe zum Endpunkt, erhitzt nochmals zum Sieden und führt jetzt die Titration möglichst schnell zu Ende.

Bei den weinsäurehaltigen Rohmaterialien ist es in erster Linie von Werth, den Gesammt-Gehalt an Weinsäure zu kennen. Hierüber giebt Aufschluss die „Bestimmung der Gesammt-Weinsäure", im Handel vielfach „Totalsäure-Analyse" genannt. Die Resultate werden in Procenten Weinsäure angegeben. Für die Fabrikation von gereinigtem Weinstein ist ferner der Gehalt eines vorliegenden Materials an Weinstein von Interesse. Die Antwort hierauf giebt die „Bitartrat-Analyse", deren Ergebnisse man in Procenten Weinstein auszudrücken pflegt.

Das Molekular-Gewicht der Weinsäure ist 150, des Weinsteins, wie des wasserfreien weinsauren Kalks 188. Die Zahlen verhalten sich annähernd wie 8 : 10, sodass manche Betriebs-Rechnungen auf dieser Grundlage schnell und mit hinreichender Genauigkeit ausgeführt werden können.

1. Bitartrat-Analyse.

Den ursprünglichen Werthmesser für weinsäurehaltige Materialien bildete die einfache Titration, indem man unter Vernachlässigung eines etwa vorhandenen Gehalts von anderen Säuren und von weinsaurem Kalk die gefundene Acidität als

Weinstein berechnete. Diese Titrir-Analyse hat für die Beurtheilung der Qualität der Rohwaaren, für den Ankauf kleiner Waarenposten, wie sie von Winzern und Händlern in den Fabriken angeboten werden und für viele Betriebs-Zwecke auch heute noch wesentliche Bedeutung. Sie wird zweckmässig in folgender Form ausgeführt.

1,88 g des fein gepulverten Musters werden im Becherglase mit 100—150 ccm Wasser angerührt, einige Minuten im Sieden erhalten und sodann mit $^1/_{10}$ Normal-Kalilauge in der Siedhitze unter Anwendung von Lakmuspapier als Indikator titrirt. Bei Teighefen ist zuweilen die Endreaktion so undeutlich, dass man zweckmässig 18,8 g in einer Porcellanschale auf gleiche Weise, jedoch mit ganz Normalkalilauge titrirt. Die Resultate stimmen nur bei sehr guten Rohweinsteinen mit dem wirklichen Bitartrat-Gehalt überein. Bei allen hefehaltigen Materialien fallen sie zu hoch aus, weil sich in solchem Material regelmässig andere saure Körper — wie Huminsubstanzen, Thonerdesalze u. s. w. — vorfinden, welche mittitrirt und deshalb als Weinstein mit berechnet werden. Bei Weinhefen gewöhnlicher Qualität von 20—30 Proc. Weinsäure pflegt der wirkliche Bitartrat-Gehalt etwa 3—5 Proc. niedriger zu sein, als die Titration angiebt.

Schon bevor Warington im Jahre 1875 durch seine umfangreiche Arbeit die Analyse der Weinsäure-Rohmaterialien auf eine wissenschaftliche Grundlage brachte, hatte man versucht, statt der unzuverlässigen einfachen Titration andere Methoden für die Werthbestimmung dieser Materialien einzuführen. Es hatte sich in Frankreich die Pfannenanalyse (méthode à la casserole, angeblich von Prof. Röhrig in Bordeaux herrührend) ausgebildet, bei welcher das zu untersuchende Material mit Wasser ausgekocht, die Lösung abfiltrirt und die abgeschiedene Krystall-Menge, bestehend aus Weinstein und weinsaurem Kalk, einfach gewogen wurde. In England war es statt dieser Pfannenanalyse üblich geworden, die Alkalität sowie den Kali- und Kalk-Gehalt der Asche eines Materials zu bestimmen, und so in indirekter Weise den Bitartrat-Gehalt und gleichzeitig die Gesammt-Weinsäure-Menge zu ermitteln. Die englische Methode hat z. Zt. für die Praxis keine Bedeutung mehr; die méthode à la casserole wird angeblich in französischen und italienischen Weinstein-Raffinerien noch heute angewandt.

Eine gute Methode zur Ermittlung des wirklichen Bitartrat-Gehalts lieferte F. Klein. Das Verfahren gründet sich auf die analytische Methode von Warington: Die Substanz wird mit Wasser ausgekocht, die Lösung nach dem Abfiltriren eingedampft und durch Zusatz von Chlorkalium, um die Löslichkeit des Weinsteins möglichst herabzusetzen, das vorhandene Bitartrat abgeschieden. Der gefällte Weinstein wird abfiltrirt, mit einer 10 procentigen, mit Weinstein vorher gesättigten Chlorkalium-Lösung ausgewaschen und sodann titrirt. Da Waringtons Methoden und damit auch seine Waschflüssigkeit ziemlich allgemein aus den Weinsäure-Laboratorien verdrängt sind, so empfiehlt es sich, zur Ermittlung des Bitartrat-Gehalts das folgende Verfahren einzuschlagen, welches auf einem, dem von Klein benutzten ähnlichen Princip beruht.

4,700 g einer fein gepulverten Hefe oder 2,35 g eines ebenso gepulverten Weinsteins werden zunächst mit wenig Wasser in einem Becherglase angerührt und sodann mit 200 ccm Wasser versetzt 10 Minuten im Sieden erhalten. Man spült die Masse noch heiss in einen 500 ccm Messkolben über und füllt den Kolben unter Umschütteln bis nahe zur Marke mit Wasser auf. Nach dem Abkühlen füllt man den Kolben genau bis zur Marke an, filtrirt sodann durch ein trockenes Filter in einen trockenen Kolben, entnimmt dem Filtrat 200, bei Weinsteinen (bei welchen nur 2,35 g Substanz angewandt waren) 400 ccm und dampft diesen Theil des Filtrats im Becherglase zunächst über einer kleinen Flamme, sodann im Wasserbade bis auf etwa 20 ccm ein. Beim Eindampfen ist wallendes Sieden wegen der Gefahr des Ueberschäumens zu meiden. Die eingedampfte wässrige Lösung wird noch heiss unter starkem Rühren zunächst mit 0,5 g Chlorkalium und sodann mit 130 ccm 95 procentigem Alkohol versetzt. Man rührt 1 Minute, lässt über Nacht stehen, filtrirt und wäscht mit 95 procentigem Alkohol aus. Der Niederschlag wird auf dem Filter nach Durchstossen desselben in Wasser gelöst, in das gleiche Becherglas zurückgespült und die etwa 150 ccm betragende Lösung zum Sieden erhitzt und sodann mit $\frac{1}{10}$-Normal-Kalilauge titrirt, wobei die Endreaktion durch Tüpfeln auf empfindliches Lakmuspapier ermittelt wird. Die gefundene Anzahl Kubikcentimeter $\frac{1}{10}$-Normal-Kalilauge wird zur Korrektur des unlöslichen Theils der angewandten Substanz, sowie der nie ganz fehlenden anderen sauren Körper in der nachstehenden Weise gekürzt und entspricht alsdann den Procenten Weinstein im untersuchten Material:

$$\begin{array}{lcl}
\text{bei 20 procentigem Material} & - & 0,8 \\
\text{- 30} & - & 0,7 \\
\text{- 40} & - & 0,6 \\
\text{- 50} & - & 0,5 \\
\text{- 60} & - & 0,4 \\
\text{- 70} & - & 0,3 \\
\text{- 80} & - & 0,2 \\
\text{- 90} & - & 0,1. \\
\end{array}$$

Die Methode, deren Begründung und Kritik sich aus den Bemerkungen bei der Gesammt-Weinsäure-Analyse ergiebt, liefert für die Praxis brauchbare Zahlen.

2. Bestimmung der Gesammt-Weinsäure in Rohmaterialien.

Bei der Bestimmung der Gesammt-Weinsäure in einem Rohmaterial handelt es sich zunächst darum, die ganze Menge der vorhandenen Weinsäure in Lösung zu bringen und gleichzeitig den in Form von Salzen vorhandenen Kalk quantitativ auszufällen; denn nur so gelingt es, bei der späteren Weinstein-Fällung das Bitartrat frei von weinsaurem Kalk zu erhalten. Auch Warington erkannte, dass die Lösung der Weinsäure unter völliger Abscheidung des Kalkes leicht durch Kochen der weinsäurehaltigen Substanzen mit einem Ueberschuss von kohlensaurem Kalium gelingt. Aber er verwarf diese Methode, welche erst später wieder in Aufnahme kam, weil die alkalisch reagirenden Lösungen durch Wein- und andere Farbstoffe tief dunkel gefärbt waren. So arbeitete Warington in sorgfältiger Weise ein Verfahren aus, dessen Grundzüge in Folgendem bestanden: Ausfällen des vorhandenen Kalkes durch neutrales, oxalsaures Kalium, Neutralisiren der Masse mit Kalilauge, Filtriren, Abscheiden des Weinsteins in der Lösung durch Citronensäure und Chlorkalium. Letzteres wurde zugesetzt, weil Bitartrat in Chlorkalium-Lösung weit schwerer löslich ist als in Wasser. Als Waschflüssigkeit diente mit Weinstein gesättigte Chlorkalium-Lösung. Diese Warington'sche Methode der Gesammt-Weinsäure-Bestimmung wurde durch umfangreiche und schöne Arbeiten von B. J. Grosjean und Arthur Bornträger wesentlich verbessert, konnte ihren Platz in der Praxis aber trotzdem nicht behaupten, weil es inzwischen einer deutschen Weinsäure-Fabrik gelungen war, ein analytisches Verfahren auszuarbeiten, welches gleich gute Resultate auf einfacherem und kürzerem Wege lieferte.

Um die etwas umständliche Warington'sche Methode zu umgehen, hatten Goldenberg, Géromont & Co. ein anscheinend ursprünglich von Jules herrührendes Verfahren beschrieben, welches sich im Handel unter dem Namen „Original-Methode Goldenberg" vielfach eingebürgert hatte und welches kurz in Folgendem bestand: Kochen der Substanz mit einem Ueberschuss von kohlensaurem Kalium, Filtriren, Fällen eines aliquoten Theils der Lösung mit Essigsäure und Alkohol und Titriren des Weinstein-Niederschlags. Die Methode war nicht frei von Fehlern. Einerseits ist der Weinstein nicht ganz unlöslich in dem Gemisch von verdünntem Alkohol und Essigsäure, andererseits gelangte bei dem Verfahren eine nicht unbeträchtliche Menge saurer organischer Substanzen, als Pektin- oder humose Körper bezeichnet, zur Abscheidung, welche als Weinstein mit titrirt wurden. Die Resultate waren deshalb durchgehends erheblich höher als der wahre Weinsäure-Gehalt. Da die Analysen-Ergebnisse von der Grösse des Ueberschusses an angewandtem kohlensauren Kalium abhingen und die zur Titration kommenden Weinstein-Lösungen stark gefärbt waren, so wichen die Resultate verschiedener Analytiker überdies nicht selten um Procente Weinsäure von einander ab. Dieser Uebelstand machte sich im Handel mit Weinsäure-Rohmaterialien höchst unangenehm fühlbar.

Die Firma Goldenberg, Géromont & Co.-Winkel erwarb sich daher ein Verdienst, als sie durch die Veröffentlichung ihrer Salzsäure-Methode ein Verfahren der Weinsäure-Bestimmung in Rohmaterialien lieferte, welches allen technischen Anforderungen durchaus entspricht. Da die Methode von grundlegender Bedeutung für den Handel mit Weinsäure-Rohmaterialien geworden ist, lasse ich sie zunächst im Wortlaute folgen, um sodann die Beschreibung des Verfahrens mit einigen kleinen Abänderungen zu geben, wie sich ähnliche wohl in den meisten Weinsäure-Laboratorien eingebürgert haben.

„Analyse von trockner Weinhefe: 6 g feingepulverte Weinhefe werden im Becherglase mit 9 ccm Chlorwasserstoffsäure vom spec. Gew. 1,10 bei Zimmertemperatur gleichmässig angerührt, allmählich mit etwa dem gleichen Volum Wasser versetzt und unter öfterem Umrühren 1 bis 2 Stunden digerirt. Die Mischung mit Wasser auf 100 ccm gebracht wird durch ein trockenes Faltenfilter filtrirt. 50 ccm der Lösung werden in einem wohlbedeckten Becherglase mit 10 ccm Kaliumcarbonat-Lösung — enthaltend 3 g K_2CO_3 — versetzt, längere Zeit gekocht, bis die Kohlensäure völlig ausgetrieben ist und das Calciumcarbonat sich krystallinisch abgeschieden hat. Durch Filtriren und Auswaschen von dem Niederschlage getrennt, wird die Flüssigkeit in einer Porzellanschale auf 10 ccm eingedampft, mit 2—2,5 ccm Eisessig allmählich unter starkem Rühren angesäuert, alsdann mit ca. 100 ccm reinem Alkohol von 90—96⁰ Tr. versetzt und so lange umgerührt, bis der in der alkoholischen Flüssigkeit schwebende Niederschlag ein fein krystallinisches Aussehen hat. — Nach öfterem Dekantiren, Filtriren durch ein 9 cm-Filter werden Schale, Filter und Niederschlag durch sorgfältigstes Auswaschen mit Alkohol von Essigsäure vollkommen befreit, Filter sammt Niederschlag aus dem Trichter in ein Becherglas gebracht, die Schale mit kochendem Wasser in das Becherglas ausgespült und die erhaltene Lösung mit Normal-Alkali titrirt. Die Anzahl der verbrauchten Kubikcentimeter Normallauge mit 5 multiplicirt geben den Weinsäure-Gehalt der untersuchten Hefe in Procenten an. Unter Berücksichtigung des Volums des in Chlorwasserstoffsäure ungelösten Rückstandes sind bei gefundenem Weinsäuregehalt von 20 Proc. — 0,7 Proc., bei $(20 + n)$ Proc. — $(0,7 + n \cdot 0,02)$ Proc. Weinsäure in Abzug zu bringen. — (Diese Korrektion entspricht sehr annähernd den an Durchschnittsmustern experimentell ermittelten Volumina der ungelösten Rückstände.)"

„Zur Analyse von Weinstein und weinsaurem Kalk werden 3 g Substanz mit 9 ccm Chlorwasserstoffsäure, spec. Gew. 1,10, digerirt, der Rückstand durch Filtriren und Auswaschen von der Lösung getrennt, letztere auf 100 ccm verdünnt und hiervon 50 ccm nach dem oben angegebenen Verfahren behandelt und analysirt. Der Procentgehalt an Weinsäure ergiebt sich dann durch Multiplikation der Anzahl der verbrauchten Kubikcentimeter Normalalkali mit 10."

Da es bei analytischen Operationen, welche als Grundlage für bedeutende Handels-Geschäfte dienen, von unzweifelhaft grossem Werth ist, dass auch die Einzelheiten des Verfahrens von verschiedenen Analytikern in durchaus gleicher Weise ausgeführt werden, so gebe ich im Folgenden die Beschreibung der Goldenberg-Salzsäure-Methode mit den kleinen Abänderungen, welche sich in mehrjähriger Praxis von Fachgenossen und mir als zweckentsprechend erwiesen haben. Ich empfehle somit die Methode in folgender Form zur allgemeinen Annahme:

15 g Weinhefe (7,5 g eines hochprocentigen Materials) werden in einem Becherglase mit 25 ccm Wasser und 25 ccm einer Salzsäure vom specifischen Gewicht 1,1 während 2 Stunden in der Kälte unter allmählichem Zusatz von weiteren 25 ccm Wasser digerirt. Die Masse wird in einen 250 ccm-Kolben gespült, der Kolben bis zur Marke angefüllt und durch-

geschüttelt. Man filtrirt durch ein trockenes Faltenfilter in ein trockenes Gefäss. 100 ccm des Filtrats werden in einem Becherglase mit 20 ccm einer Lösung kohlensauren Kaliums (500 g $K_2 CO_3$ im Liter enthaltend) vorsichtig versetzt und sodann 5 Minuten gekocht, während welcher Zeit die Kohlensäure vertrieben ist und der Niederschlag von kohlensaurem Kalk sich körnig abgeschieden hat. Sodann wird die Masse nach dem Abkühlen in einen 200 ccm-Kolben gespült, der Kolben bis zur Marke aufgefüllt. (Der hierbei zuweilen sehr lästige Schaum kann durch vorsichtigen Zusatz eines Tropfens Alkohol entfernt werden.) Man filtrirt, entnimmt dem Filtrat 50 ccm, dampft im Becherglase auf dem Wasserbad auf etwa 15 ccm ein, versetzt nach einander unter stetigem Umrühren mit 3 ccm Eisessig und 130 ccm Alkohol von 95 Proc., lässt über Nacht stehen, filtrirt und wäscht mit Alkohol von 95 Proc. aus. Der Niederschlag wird auf dem Filter, nach Durchstossen desselben, in heissem Wasser gelöst, in das gleiche Becherglas zurückgespült und die etwa 150 ccm betragende Lösung zum Sieden erhitzt. Man titrirt mit $^1/_{10}$-Normal-Kalilauge unter Tüpfeln auf empfindliches Lakmuspapier. Das in Procenten Weinsäure angegebene Analysen-Resultat wird zur Korrektur des Volumens ungelöster Substanz beim Anfüllen der Messkolben in folgender Weise gekürzt:

Bei Hefe	von 15 Proc. Weinsäure um		0,8 Proc.	
- -	- 20 -	-	- 0,7	-
- -	- 25 -	-	- 0,6	-
- -	- 30 -	-	- 0,5	-
- -	- 35 -	-	- 0,4	-
- weins. Kalk	- 30 -	-	- 1,0	-
- - -	- 40 -	-	- 0,8	-
- - -	- 50 -	-	- 0,6	-
- Weinstein	- 40 -	-	- 0,4	-
- -	- 50 -	-	- 0,3	-
- -	- 60 -	-	- 0,2	-

Zur Erreichung übereinstimmender Resultate unter verschiedenen Analytikern ist es erforderlich, dass bei der Ausführung von Goldenberg's Salzsäure-Methode einige Vorsichtsmaassregeln sorgfältig beobachtet werden, die ich auf die Gefahr, schon Gesagtes zu wiederholen oder Selbstverständliches anzugeben, unter Verwerthung des mit hervorragenden Handelsanalytikern gepflogenen Briefwechsels[1]) hier nochmals zusammenfassen möchte:

1. Die zu analysirende Probe muss durch Mahlen sehr fein gepulvert sein.

2. Destillirtes Wasser und Alkohol müssen vollkommen neutrale Reaktion zeigen.

3. Das kohlensaure Kalium soll rein und frei von Eisen und Thonerde sein.

4. Die Behandlung der Probe mit Salzsäure darf nicht unter Erwärmen, sondern muss in der Kälte vorgenommen werden.

5. Das Eindampfen der kaliumcarbonathaltigen Lösung darf nicht zu weit fortgesetzt werden, die Fällung mit Essigsäure muss in der Wärme erfolgen; beides, damit sich der Weinstein in der erforderlichen feinkrystallinischen Beschaffenheit abscheidet.

6. Die Essigsäure soll nicht unter 98 Proc. stark sein, damit nicht zu geringe Mengen verwandt werden.

7. Das Auswaschen des Weinsteinniederschlags muss sehr sorgfältig vorgenommen werden. Der Niederschlag wird auf dem Filter durch den Alkoholstrahl zunächst aufgewirbelt. Man spritzt sodann, den Strahl stetig herumführend, auf den Trichterrand oberhalb des Filters. In den meisten Fällen genügt es, das Filter 5 mal zu $^3/_4$ auf diese Weise mit Alkohol anzufüllen. Jedenfalls ist bei jeder Analyse vor Schluss des Auswaschens mit etwa 20 ccm der Waschflüssigkeit zu prüfen, ob das Auswaschen thatsächlich beendet ist.

8. Das Filter darf nicht mit in die zu titrirende Flüssigkeit gebracht und in derselben verrührt werden. Der Niederschlag ist vielmehr nach Durchstossen des Filters abzuspülen

---

[1]) Eingehende Berücksichtigung fanden briefliche Mittheilungen des Herrn Dr. Möslinger in Speyer.

und das Filter mit Wasser auszuwaschen. Die Resultate können sonst selbst bei Verwendung von Filterpapier bekannter Firmen erheblich zu niedrig ausfallen.

9. Die zum Titriren dienende $^1/_{10}$-Normal-Kalilauge muss kohlensäurefrei, ihr Titer auf reinen Weinstein unter Anwendung von Lakmuspapier als Indikator gestellt sein.

10. Die Titration muss in der Hitze zu Ende geführt werden. Als Indikator ist das gleiche Lakmuspapier zu verwenden, welches zur Einstellung der Lauge diente, nicht ein solches von anderer oder späterer Herstellung.

Es wurde schon oben hervorgehoben, dass Goldenberg's Salzsäure-Methode, ausgeführt unter den erforderlichen Vorsichtsmaassregeln, alle Anforderungen erfüllt, welche man an ein für die Technik bestimmtes analytisches Verfahren zu stellen braucht. Wie Dr. Boessneck richtig bemerkt, wird durch das Ausziehen der fein gepulverten Substanz mit der angegebenen Menge von Salzsäure unzweifelhaft alle vorhandene Weinsäure in Lösung gebracht, ohne dass eine beträchtliche Menge der anderweitigen sauren organischen — humosen — Substanzen in Lösung geführt wird. Nur bei einigen Hefen besonders schlechter Qualität zeigt eine bei längerem Stehen der salzsauren Lösung auftretende Trübung an, dass man auch bei der Salzsäure-Methode von den Pektinstoffen noch nicht völlig befreit ist und dass diese humosen Substanzen mithin dem Weinsäuregehalt in solchen Ausnahmefällen wenig höher erscheinen lassen können, als er thatsächlich ist. Dass bei den Kochen mit kohlensaurem Kalium unter Ausfällung der ganzen vorhandenen Kalkmenge sämmtliche Weinsäure in Lösung geführt wird, ist ebenso sicher wie, dass die Abscheidung des Weinsteins aus dem Essigsäure-haltigen verdünnten Alkohol in Folge der Gegenwart des Chlorkaliums vollständig ist. Indessen fallen mit dem Weinstein zugleich die in der ursprünglichen Substanz vorhandenen kleinen Mengen von Phosphorsäure, Thonerde und Eisen aus, soweit diese Verunreinigungen mit in die salzsaure Lösung und in das kohlensaueralkalische Filtrat übergegangen sind. Dies findet nur in beschränktem

Maasse statt. Immerhin ist aber nicht zu verkennen, dass hierdurch kleine Quantitäten von Weinsäure für die Analyse bei Anwendung von Lakmuspapier als Indikator verloren gehen können. Der dadurch etwa herbeigeführte Minderbefund kommt aber in keiner Weise dem Weinsäure-Fabrikanten zu gute. Vielmehr ist es gerade der Gehalt des Rohmaterials an Phosphorsäure, Thonerde und Eisen, welcher zur Vermehrung der Weinsäure-Verluste durch die Abwässer, zur Bildung der Restlaugen bei der Krystallisation, zur Umbildung der Rechtsweinsäure in werthlose Modifikationen und zur Zersetzung der Säure führt. Je mehr also ein Rohmaterial an jenen schädlichen Substanzen enthält, um so weniger werthvoll ist es für den Fabrikanten. Man kann es daher geradezu als Erforderniss einer analytischen Methode für den Handel mit Weinsäure-Rohmaterialien hinstellen, dass in dem Ergebniss derselben die kleinen Mengen von Weinsäure, welche mit Thonerde und Eisen verbunden sind, nicht zum Ausdruck gelangen. Die Menge der in Mischung mit schädlichen Substanzen vorhandenen Weinsäure kann man ermitteln, wenn man die gegen Lakmuspapier neutral reagirende Flüssigkeit in der Siedhitze unter Verwendung von Phenolphtaleïn als Indikator weiter titrirt. Die Titerstellung der Normallauge ist für diesen Zweck ebenfalls mit Phenolphtaleïn gegen chemisch reinen Weinstein zu bewirken. Durch Analyse von Mischungen reinen Weinsteins mit Thonerde-, Eisen- und Phosphorsäuresalzen wurde ermittelt, dass unter Verwendung von Phenolphtaleïn als Indikator auch in diesen Fällen Resultate erzielt werden, welche dem thatsächlichen Weinsäuregehalt der Mischung entsprechen, während sich bei Verwendung von Lakmuspapier als Indikator ein je nach der Menge der zugesetzten Reagentien (Salzsäure, Kaliumcarbonat, Essigsäure) und nach der Menge der in der Mischung enthaltenen Thonerde- u. s. w. Salzen wechselnder Fehlbetrag ergiebt.

Bei guten italienischen Hefen und bei guten Rohweinsteinen stimmen die Titrationen der Analyse mit Lakmuspapier und mit Phenolphtaleïn annähernd überein. Bei minderwerthigen

Hefen ergeben sich Differenzen von 0,5 bis 1,0 Proc. Weinsäure. Der auf die vorhandene Weinsäure bezogene Gehalt an Phosphorsäure, Thonerde und Eisen ist bei solchen Hefen verhältnissmässig hoch. Grössere Unterschiede als 1 Proc. in den Titrationen mit beiden Indikatoren kommen wohl nur bei Rohmaterialien vor, welche mit Fabrikations-Restprodukten vermischt sind.

Für die zur Betriebs-Kontrolle ausgeführten Analysen ist die Verwendung von Phenolphtaleïn als Indikator geboten. Schon Dr. Lampert machte sehr richtig darauf aufmerksam, dass hier das gewöhnliche analytische Verfahren im Stich lässt. Die Begründung, warum bei den Betriebs-Analysen anders zu operiren ist, wird sich bei Darlegung der Fabrikation ergeben.

Es möge jetzt eine kurze Beschreibung derjenigen Analysen gegeben werden, deren Ausführung in Weinsäurebetrieben häufiger erforderlich ist. Die Methoden haben sich mir in längerer Praxis als brauchbar erwiesen und besitzen, wie ich durch zahlreiche Kontroll-Bestimmungen ermittelte, den für ihren technischen Zweck nöthigen Grad von Genauigkeit.

3. Weinsäure-Bestimmung bei Betriebs-Analysen.

Weinsaurer Kalk: 6 g Substanz werden mit 10 ccm Kaliumcarbonat-Lösung (500 g K_2CO_3 im Lit.) und etwa 150 ccm Wasser ungefähr 10 Minuten gekocht, zu 200 ccm im Messkolben aufgefüllt, filtrirt. Vom Filtrat werden 50 ccm eingedampft, mit 3 ccm Eisessig und 130 ccm Alkohol gefällt. Titration mit $^1/_{10}$-Normal-Kalilauge liefert Procente Weinsäure (Indikator: Phenolphtaleïn).

Weinsäure-Laugen: 10 ccm der Lauge (abgemessen mit einer Pipette, deren Marke für diesen Zweck besonders ermittelt ist, oder durch Verdünnen von 100 ccm Lauge zu 500 ccm und Entnahme von 50 ccm) werden mit 40 ccm Kaliumcarbonat-Lösung obiger Koncentration kurze Zeit gekocht, auf 200 ccm aufgefüllt, filtrirt. Vom Filtrat werden

10 ccm durch 3 ccm Eisessig und 130 ccm Alkohol gefällt. Gefundene ccm $\frac{1}{10}$-Normallauge mit 30 multiplicirt, ergeben g Weinsäure im Liter (Indikator: Phenolphtaleïn).

Alte Mutterlauge: 10 ccm der alten Lauge werden mit 60 ccm Kaliumcarbonat-Lösung gekocht, auf 200 ccm aufgefüllt, filtrirt. Vom Filtrat werden 20 ccm mit 5 ccm Eisessig und 130 ccm Alkohol gefällt. Gefundene ccm $\frac{1}{10}$-Normallauge, multiplicirt mit 15, ergeben g Weinsäure im Liter.

Abfallprodukte: Heferückstände und Gyps: 300 g werden in einer Porzellanschale mit 25 ccm Salzsäure und 500 ccm Wasser unter Rühren bis zum Sieden erhitzt, ein Theil der Flüssigkeit abfiltrirt. 100 ccm des Filtrats werden mit 10 ccm Kaliumcarbonat-Lösung obiger Koncentration kurze Zeit gekocht und, ohne weiteres Auffüllen auf ein bestimmtes Volumen, abfiltrirt. Vom Filtrat werden 50 ccm ohne Eindampfen mit 3 ccm Eisessig und 130 ccm Alkohol gefällt. 5 ccm zum Titriren verbrauchter $\frac{1}{10}$-Normallauge entsprechen annähernd 0,1 Proc. in den Rückständen vorhandener Weinsäure. (Indikator: Phenolphtaleïn.)

Abwasser: (bei dem Ausfällen von weinsaurem Kalk entstehende Abfall-Lauge).

Methode A (nur verwendbar bei unter Druck gekochtem Rohmaterial): 200 ccm des Abwassers werden eingedampft auf etwa 50 ccm, sodann einige Minuten mit 10 ccm Kaliumcarbonat-Lösung gekocht, auf 100 ccm aufgefüllt und filtrirt. Vom Filtrat werden 50 ccm ohne Eindampfen mit 3 ccm Eisessig und 130 ccm Alkohol gefällt. 10 ccm $\frac{1}{10}$-Normal-Kalilauge entsprechen 1,50 g Weinsäure im Liter. (Indikator: Lakmuspapier.)

Methode B (allgemein verwendbar; unumgänglich bei allen Abwässern, welche humose Substanzen der Hefen enthalten): 200 ccm des Abwassers werden auf etwa 50 ccm eingedampft, einige Minuten mit 10 ccm Kaliumcarbonat-Lösung gekocht, auf 100 ccm aufgefüllt, filtrirt. 60 ccm des Filtrats werden in einem Messcylinder mit 10 ccm Salzsäure von spec. Gew. 1,1 versetzt und sodann mit Alkohol zu einem Gesammtvolumen von 180 ccm aufgefüllt. Man schüttelt um, filtrirt sofort und giebt unverzüglich zu 150 ccm des Filtrats nach einander 10 ccm Kaliumcarbonat-Lösung, 5 ccm Eisessig und 100 ccm Alkohol, rührt kräftig um, lässt bis zum folgenden Tage stehen, filtrirt und titrirt den Weinsteinniederschlag. Die Berechnung ist wie bei Methode A. (Indikator: Phenolphtaleïn.)

II. Andere in Weinsäure-Betrieben häufig vorkommende analytische Bestimmungen.

Ermittlung des Quotienten der Verunreinigungen (Gemeinschaftliche Bestimmung von Thonerde, Phosphorsäure und Eisen): 10 g Substanz oder 100 ccm Lauge werden in einer Platinschale verascht; weinsaurer Kalk wird hierbei zweckmässig zuvor mit Zuckerlösung angefeuchtet, um ein Verstäuben zu verhüten. Die Asche wird gut verrieben und dann mit verdünnter Salzsäure etwa 20 Minuten gekocht. Man füllt die Masse im Messkolben auf 200 ccm auf, filtrirt und fällt 100 ccm des Filtrats mit Ammoniak in der Hitze. Der Niederschlag wird, wenn gypshaltig, nochmals in Salzsäure gelöst und mit Ammoniak gefällt. Der Ammoniak-Niederschlag wird geglüht, gewogen und in Procenten auf die in dem untersuchten Material vorhandene Weinsäure berechnet. Das Ergebniss stellt den für die Beurtheilung der Betriebs-Produkte wichtigen „Verunreinigungs-Quotienten" dar.

Bestimmung der freien Schwefelsäure in Weinsäure-Laugen: 20 ccm der Laugen werden mit Alkohol zu 200 ccm aufgefüllt, über Nacht der Ruhe überlassen und filtrirt. Aus 100 ccm des Filtrats wird nach dem Verjagen des Alkohols die Schwefelsäure durch Chlorbaryum ausgefällt und als Baryumsulfat gewogen.

Bestimmung des Chlorgehalts der Rohlaugen: Da der Gehalt an Alkalisalzen in den Weinsäure-Laugen für die Krystallisation der Weinsäure-Laugen sehr verhängnissvoll werden kann, müssen regelmässige Bestimmungen derselben in den dem Krystallisations-Betrieb zugeführten Rohlaugen vorge-

nommen werden. Die umständliche direkte Bestimmung der
Alkalimetalle lässt sich meistens, da sie nur als Chloride vorhanden sein können, durch eine Chlorbestimmung ersetzen.
Man erfährt so, ob der weinsaure Kalk oder die Hefemassen
durch Auswaschen genügend gereinigt sind.

1 Liter der Weinsäure-Lauge wird mit trockener, gemahlener
Kreide neutralisirt; von der überstehenden Flüssigkeit werden
500 ccm zunächst eingedampft, dann in einer Platinschale
verascht, unter Zusatz von Salpetersäure bis zur schwachsauren
Reaktion in heissem Wasser gelöst, filtrirt und im Filtrat nach
der Neutralisation mit Natriumbicarbonat mit $^1/_{10}$ - Normal-
Silberlösung das Chlor unter Verwendung von Kaliumchromat
als Indikator titrirt. Die gefundene Anzahl ccm $^1/_{10}$-Normal-
Silberlösung wird entsprechend dem Chlorgehalt der im Betriebe verwandten Schwefelsäure gekürzt und liefert sodann
mit 0,0149 multiplicirt: g Chlorkalium im Liter der Lauge.
Den Chlorgehalt der Schwefelsäure ermittelt man empirisch in
obiger Weise an einer der Weinsäure-Lauge in Koncentration
entsprechenden Schwefelsäure. Es seien beispielsweise bei einer
Weinsäure-Rohlauge von 10⁰ Bé. gefunden:

$$8,0 \text{ ccm} \quad \frac{\text{Ag NO}_3}{10}$$

ab für Cl-Gehalt der Schwefelsäure: 1,0 „   „

bleibt: 7,0 ccm $\times$ 0,0149
= 0,104 g KCl p. l.

Ein derartiger Alkali-Gehalt in Rohlaugen ist normal und
unbedenklich.

Die Fabrikation der Weinsäure.

Die Fabrikation der Weinsäure zerfällt in die folgenden 3 Phasen:

1. Darstellung der Weinsäure-Rohlauge,
2. Gewinnung der reinen Weinsäure (Krystallisation),
3. Aufarbeitung der Restlaugen.

In den Weinsäure-Rohmaterialien ist die Säure als saures Kaliumsalz und, meistens in verhältnissmässig geringen Mengen, als Kalksalz vorhanden. Man führt nun zunächst allgemein die Gesammt-Menge der Weinsäure in das unlösliche Kalksalz über[1]), zerlegt dies durch Schwefelsäure in Gyps und Weinsäurelösung und trennt letztere durch Filtration von dem unlöslichen Rückstande. Aus der so erhaltenen Weinsäure-Rohlauge wird sodann durch systematisches Eindampfen, Entfärben und Krystallisiren fertige Handelswaare gewonnen. Die bei der Krystallisation sich ergebenden Restlaugen werden unter Beobachtung geeigneter Vorsichtsmaassregeln in weinsauren Kalk übergeführt, aus welchem durch Schwefelsäure wieder Weinsäure-Rohlauge gewonnen wird.

Eine Fabrik, in welcher täglich 1000 kg Weinsäure fertiggestellt werden sollen, bedarf einer Dampfkessel-Anlage von 200 qm Heizfläche und einer Maschinen-Anlage von etwa 80 Pferdekräften.

---

[1]) Die von Kessler im Jahre 1858 vorgeschlagene Darstellung der Weinsäure direkt aus Weinstein durch Kieselfluorwasserstoffsäure ist im Fabrik-Betriebe niemals ausgeführt worden.

I. Darstellung der Weinsäure-Rohlauge.

Zur Verarbeitung der Rohmaterialien auf Weinsäure-Rohlauge sind vier verschiedene Verfahren in Gebrauch, welche unter den folgenden Namen näher beschrieben werden mögen:

1. das Dekantir-Verfahren,
2. Dietrich's Hochdruck-Verfahren,
3. das Röst-Verfahren,
4. das neutrale Verfahren.

Wie oben ausgeführt, ist das Hauptrohmaterial für die Weinsäure-Fabrikation jetzt die Weinhefe, auf deren Verarbeitung mithin jede grössere Fabrik ihr Verfahren einrichten muss. Die Schwierigkeit bei der Verarbeitung dieses Materials liegt darin, dass einmal die Hefemassen in Folge ihrer schleimigen Beschaffenheit nach dem Anrühren mit Wasser oder verdünnten Säuren ohne besondere Vorkehrungen nicht abfiltrirt werden können, und dass andererseits wegen des verhältnissmässig niedrigen Weinsäure-Gehalts nach Extrahirung der Weinsäure grosse Mengen von Rückstand verbleiben. Das völlige Auswaschen dieser Rückstände erfordert beträchtliche Mengen von Flüssigkeit, aus welcher dann durch Fällen oder Eindampfen die Weinsäure gewonnen werden muss. Bei den drei zuerst genannten Verfahren wird aus dem sauren Extrakt des Rohmaterials die Weinsäure als Kalksalz gefällt. Hierbei entstehen grosse Mengen von Abwasser, deren möglichst vollständige Befreiung von Weinsäure erreicht werden muss, wenn nicht durch die Fabrikation kostspielige Weinsäure-Verluste entstehen sollen.

1. Das Dekantir-Verfahren.

Das Dekantir-Verfahren war bei Verarbeitung der Weinhefe zuerst allgemein üblich und wird in kleineren Fabriken auch heute noch in der ursprünglichen Form angewandt. Man versetzt die Weinhefe mit einer hinreichenden Menge von Salz- oder Schwefelsäure, erhitzt zum Sieden, lässt absitzen und zieht die über dem festen Rückstande sich sammelnde Lauge ab. Der Rückstand wird mit Wasser in ähnlicher Weise so lange dekantirt, bis er von Weinsäure hinreichend befreit ist. Aus den gewonnenen Laugen, welche neben freier Weinsäure die Kalium- und Kalksalze der angewandten Mineralsäure enthalten, wird die Weinsäure durch Zusatz von Kalk oder Kreide gefällt. Durch längeres Rühren wird ein möglichst vollständiges Fällen des weinsauren Kalks zu erreichen gesucht.

In dieser Form ist das Verfahren für den Grossbetrieb nicht geeignet, weil zu grosse Mengen an saurem Extrakt und damit später an Abwasser erzielt werden und weil die Operationen zu zeitraubend sind. In etwas abgeänderter Weise ist aber dies alte Verfahren auch gegenwärtig noch in mehreren grösseren Fabriken in Gebrauch. Die Ausführung gestaltet sich folgendermaassen:

Die Weinhefe wird zunächst gemahlen. Hier wie auch bei dem später zu beschreibenden neutralen Verfahren ist ein griesförmiges Mahlprodukt anzustreben, in welchem möglichst wenig feines Mehl enthalten ist und welches frei ist von gröberen Stücken. Man erzielt ein derartiges Produkt mittelst Mahlgang, Konusmühle oder Kugelmühle. Am wenigsten zu empfehlen ist schon wegen der oft erforderlichen Reparaturen die Konusmühle. Gut verwendbar ist der Mahlgang, jedoch gelingt auf demselben die Zerkleinerung der zähen und nicht ganz trockenen Hefen verhältnissmässig schwer. Die Kugelmühlen des Gruson-Werks mit stetiger Ein- und Austragung eignen sich für unsere Zwecke am meisten.

Die hinreichend fein gemahlene Hefe wird in ausgebleiten Bütten, welche mit gut wirkenden hölzernen Rührwerken versehen sind, zunächst mit kaltem Wasser angerührt. Auf je 1000 l Fassungsraum der Bütten kann man 125 bis 150 kg Hefe anrühren. Man versetzt die Masse sodann mit der zur Lösung der weinsauren Salze erforderlichen Menge von Salz- oder Schwefelsäure. Auf je 100 kg Weinsäure im Rohmaterial verwendet man

150 kg Salzsäure   von 20—22° Bé.

oder 90 kg Schwefelsäure von   60° Bé.

Dies Säurequantum entspricht annähernd der Menge der Weinsäure, wenn letztere als neutrales Salz vorhanden wäre. Da man sämmtliche Operationen zweckmässig in der Kälte ausführt, empfiehlt es sich bei der Schwerlöslichkeit des Weinsteins nicht, einen Abzug an Mineralsäure für die als saures Salz vorhandene Weinsäure zu machen. Nach dem Anfüllen der Bütte mit Wasser lässt man das Rührwerk noch eine Stunde lang laufen und stellt dasselbe sodann ab. Die Hefe setzt sich in verhältnissmässig kurzer Zeit zu Boden; man zieht die darüber stehende Lösung ab, dekantirt noch ein- oder zweimal mit Wasser, lässt die Masse, von Neuem mit Wasser angerührt, in einem Druckcylinder, am besten aus Kupfer bestehend, ab und presst sie durch Filterpressen. Die abfliessende Lauge wird mit den vorher abgezogenen Lösungen in den Fällbütten gesammelt, die Presskuchen zur Gewinnung der Weinsäure-Reste nochmals mit Wasser angerührt und wie zuvor. mittelst Filterpressen abgepresst. Das so gewonnene letzte Waschwasser dient zum Ansetzen frischer Hefemassen. Wegen der in der Hefe enthaltenen schleimigen Substanzen gelingt es nicht, die Presskuchen in den Filterpressen selbst durch eine Auslauge-Vorrichtung auszuwaschen. Das angeführte Abräumen der Pressen und erneute Anrühren der Kuchen mit Wasser ist mithin nicht zu umgehen. Bevor die Rückstände aus der Fabrik entfernt werden, sind sie auf Weinsäure-Gehalt sorgfältig zu prüfen. Zu den in den Fällbütten gesammelten sauren Lösungen der weinsauren Salze wird zunächst Kalkmilch so lange zugegeben, bis eine Probe, mit fein gemahlener Kreide versetzt, nur noch ein schwaches Aufbrausen erkennen lässt. Man giebt hierauf noch so lange kleine Mengen fein gemahlener in Wasser aufgeschlemmter Kreide hinzu, bis sich bei einer Probe des Bütten-Inhalts auf Zusatz verdünnter Schwefelsäure nach einiger Zeit eine schwache Kohlensäure-Entwicklung wahrnehmen lässt.

Die Fällbütten, in welchen die letzteren Operationen vorgenommen werden, brauchen nicht verbleit zu sein; sie müssen ein gut wirkendes Rührwerk enthalten und sind zweckmässig mit einem Zuleitungsrohr für Kalkmilch versehen. Diese Kalk-

milch-Leitung ist zweizöllig zu wählen und wird mit einem Dampfzuleitungsrohr verbunden, damit sie bei etwaigem Verstopfen
der Rohre ausgeblasen werden kann. Das Ablöschen des Kalks
erfolgt in einem erhöht aufgestellten, mit Rührwerk versehenen
eisernen Kasten, an welchem die Kalkmilchleitung angebracht
ist. An der Leitung befinden sich über den einzelnen Bütten
Rohrstutzen mit Hähnen, von welchen die Kalkmilch, bevor
sie in die Bütten gelangt, noch durch ein engmaschiges Drahtsieb läuft, damit etwa vorhandene Stückchen ungelöschten
Kalks zurückgehalten werden.

Nach dem Ausfällen des weinsauren Kalks lässt man die
Rührwerke noch mehrere Stunden, am besten bis zum folgenden
Tage laufen, indem man von Zeit zu Zeit nachsieht, ob der
erforderliche sehr geringe Ueberschuss von Kreide noch vorhanden ist und nöthigenfalls kleine Mengen davon zusetzt.
Nach beendigter Ausfällung stellt man das Rührwerk ab, lässt
den weinsauren Kalk sich zu Boden setzen und zieht das
überstehende Abwasser ab. In demselben ist täglich der Weinsäure-Gehalt nach der oben beschriebenen Methode (B) zu bestimmen. Es soll nicht mehr als 0,1 g Weinsäure im Liter
enthalten. Den weinsauren Kalk rührt man noch 2 bis 3 Mal
mit Wasser an. Ein weiteres Auflösen desselben im Waschwasser ist, wie die Analyse der Waschwasser ergiebt, nicht zu
befürchten; doch muss man sich hüten, die feinschlammig
ausgefällten Mengen des Niederschlags mit der ursprünglichen
Lauge oder den nachfolgenden Waschwässern abzuziehen, weil
man dadurch grosse Verluste an, wenn auch durch Thonerde
und Phosphorsäure verunreinigtem, weinsaurem Kalk erleiden
würde. Der schliesslich in der Fällbütte zurückgebliebene
weinsaure Kalk wird auf einem Nutschfilter trocken gesaugt,
nochmals mit kleinen Quantitäten Wasser ausgewaschen und
sodann in die ausgebleite mit Rührwerk versehene Zersetzungsbütte eingetragen, um hier mit der erforderlichen Menge von
50 oder 60° Bé. starker Schwefelsäure in Gyps und Weinsäure-
Rohlauge zerlegt zu werden. Man giebt so lange Schwefelsäure
hinzu, bis eine abfiltrirte Probe nach Zusatz von etwa dem

gleichen Volumen 10procentiger Chlorcalcium-Lösung beim Kochen einen deutlichen flockigen Niederschlag von Gyps giebt. Bei einiger Uebung kann die Menge des Schwefelsäure-Ueberschusses mit dieser Probe leicht erkannt werden; ich ziehe sie deshalb der von Hölbling empfohlenen Methylviolett-Probe entschieden vor.

Die mit einem ausreichenden Schwefelsäure-Ueberschuss versetzte Masse wird in einen kupfernen oder ausgebleiten Presscylinder abgelassen und mit Luftdruck in Filterpressen gedrückt. Die Gypskuchen werden mittelst Auslauge-Vorrichtung in den Pressen ausgewaschen. Die ursprüngliche Lauge läuft mit den stärkeren Waschwässern zur Koncentration in den Krystallisir-Bau, während die schwachen Waschwässer zum Anrühren von weinsaurem Kalk in der Zersetzungsbütte verwandt werden. Der Gyps ist nach der Rückstands-Analysen-Methode sorgfältig auf Weinsäure zu prüfen und wird erst dann aus der Fabrik entfernt, wenn er sich als annähernd weinsäurefrei erweist. Es ist hier besondere Vorsicht geboten, weil sich in den Gypskuchen beim Auswaschen leicht Kanäle bilden, durch welche dann das Waschwasser rinnt, während der Gyps stellenweise weinsäurehaltig bleibt.

Das Dekantir-Verfahren ist in einigen Fabriken dahin abgeändert, dass man in den Ansatzbütten die mit Wasser angerührte Hefe zunächst mit Kalkmilch neutralisirt und erst die so erhaltene Masse wie oben mit Schwefelsäure versetzt. Dies Verfahren hat den Vortheil, dass die vorhandenen Weinstein-Krystalle, welche in verdünnten Säuren ziemlich schwer löslich sind, durch die Kalkmilch aufgeschlossen werden, und dass die Hefemassen in Folge der Gypsbeimengung sich besser filtriren lassen.

2. Dietrich's Hochdruck-Verfahren.

Das Dietrich'sche Hochdruck-Verfahren stimmt in seinen Grundzügen mit dem eben beschriebenen Dekantir-Verfahren überein. Auch hier wird aus einem sauren Extrakt der Weinhefe die Weinsäure als Kalksalz gefällt und dies mit Schwefelsäure zersetzt. Der Unterschied besteht nur darin, dass bei dem Dietrich'schen Verfahren das Rohmaterial zur Zerstörung der schleimigen, der Filtration hinderlichen Substanzen, zunächst mit Wasser angerührt, längere Zeit unter Dampfdruck gekocht wird. Das Verfahren, welches von E. Dietrich vor etwa 30 Jahren angegeben und in einigen Ländern zum Patent angemeldet wurde, ist noch gegenwärtig in Weinsäure-Fabriken vielfach in Gebrauch, obwohl es unzweifelhaft mit wesentlichen Mängeln behaftet ist und dem Dekantir-Verfahren in der zuletzt beschriebenen Form entschieden nachsteht. In Fabriken, welche Weinhefe in feuchtem Zustande verarbeiten, konnte es freilich bisher nicht wohl umgangen werden, weil die Verarbeitung der Teighefe nach dem Dekantir-Verfahren für grössere Fabriken zu umständlich und zeitraubend ist.

Man verfährt bei der Verarbeitung der feuchten Weinhefe nach Dietrich im Allgemeinen folgendermaassen.

Die Weinhefe wird zunächst in hölzernen, mit Rührwerk versehenen Bütten mit Wasser angerührt. Hierauf wird der Alkohol, welcher, wie erwähnt, als Weinsprit geschätzt ist und zur Fabrikation von Cognak verwandt wird, abdestillirt. Am meisten ist für diesen Zweck ein kupferner Savalle-Apparat geeignet. Man erhält mit demselben in einer Destillation einen Hefebranntwein von 70—80° Tr. Bei der Destillation aus einfachen Blasen wird ein mindergrädiger Sprit gewonnen. Da in demselben das Cognaköl, welches aus der Hefe mit überdestillirt, weniger löslich ist, so scheidet es sich ab und kann getrennt gewonnen werden, während das werthvolle Oel in dem Destillat des Savalle-Apparats gelöst bleibt. Der Gehalt der Teighefe an reinem Alkohol pflegt im Durchschnitt 2—3 Proc. zu betragen. Die Gewinnung des Hefe-Branntweins kann selbst für grössere, in Wein-Gegenden gelegene Fabriken manchmal lohnend sein; indessen wird im Grossbetrieb verhältnissmässig so wenig feuchte Hefe verarbeitet, dass ich mir ein näheres Eingehen auf die Sprit-Gewinnung versagen kann, um so mehr, da dieselbe sich von der Destillation von Getreide- oder Kartoffel-Maischen nicht wesentlich unterscheidet. Die entgeisteten

Hefemassen lässt man in den Dampfkocher einlaufen. Die Verarbeitung erfolgt dann weiter wie bei trockner Hefe nach Dietrich's Verfahren.

Die Zerkleinerung trockner Weinhefe zur Verarbeitung nach Dietrich braucht in weniger sorgfältiger Weise zu erfolgen als bei dem Dekantir- und neutralen Verfahren. In der gemahlenen Masse können unbedenklich Hefestücke von Linsen- und Erbsengrösse vorhanden sein. Das Mahlen kann deshalb mittelst Desintegrator oder weit eingestellter Konusmühle vorgenommen werden. Man rührt die Hefe mit etwa dem $\frac{1}{2}$ bis $\frac{3}{4}$ fachen Gewicht Wasser unter lebhaftem Kochen durch direkt zuströmenden Dampf in hölzernen, mit Rührwerk versehenen Bütten zu einem dünnen Brei an und lässt denselben nach 1 bis 2 stündigem Kochen wie die Teighefe in den Dampfkocher einlaufen. Dieser ähnelt in Form und Verwendung den Cellulose-Kochapparaten. Man benutzt entweder einen innen mit Bleifutter versehenen Schmiedeeisen-Kessel, oder man stellt den Kocher aus Kupferblechen, zuweilen wohl auch aus Gusseisen her. Die vielfach in Gebrauch befindlichen kupfernen Kessel sind den beiden anderen entschieden vorzuziehen und erscheinen für den vorliegenden Zweck allein als hinreichend betriebssicher. Die Bleifutter in schmiedeeisernen Kochern werden in Folge der ungleichen Ausdehnung der Metalle und der weichen Beschaffenheit des Bleis bei der Kochtemperatur leicht schadhaft; die weinsteinhaltige Flüssigkeit kommt dann in Berührung mit dem Eisen und ruft hier schnell Korrosionen hervor, welche bereits wiederholt zu Explosionen und schweren Betriebs-Unfällen geführt haben. Hölbling empfiehlt innen mit Mauerwerk ausgekleidete Schmiedeeisen-Kessel und giebt an, dass sich derartige Apparate im Betriebe gut bewährt haben. Da eine Untersuchung, ob die Blechwandungen stellenweise Anrostungen erlitten haben, bei solchen ausgemauerten Kesseln kaum durchführbar ist, so giebt der Betrieb derselben hinsichtlich der Sicherheit um so mehr zu Bedenken Veranlassung, als bei etwaigen Explosionen durch Fortschleudern von Mauersteinen eine noch gefährlichere

Wirkung zu erwarten ist. Die Verwendung von gusseisernen
Kochern ist nach den schon bei gewöhnlichen Dampfkesseln
allgemein anerkannten Grundsätzen durchaus unstatthaft. Es
sollten daher für das Kochen von Weinhefe unter Druck, wenn
es nach den zahlreichen Explosionen derartiger Apparate überhaupt zugelassen wird, von den Behörden nur Kochkessel

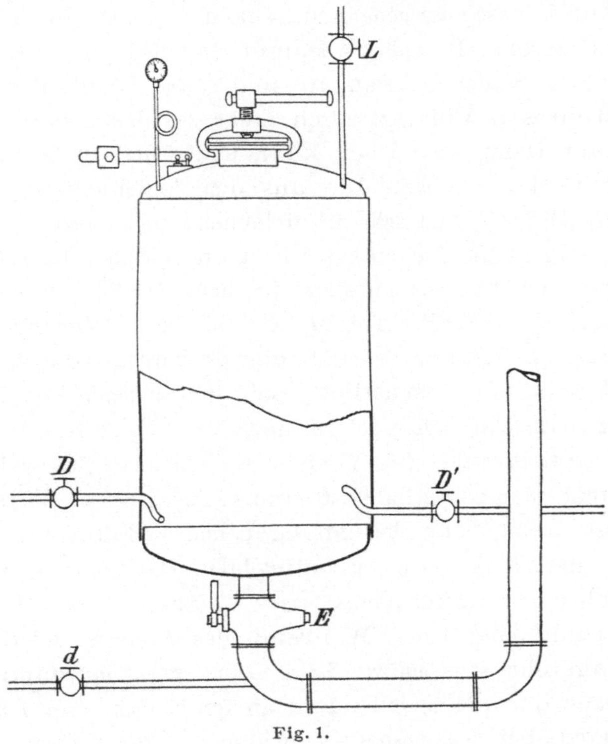

Fig. 1.

genehmigt werden, welche aus mindestens 8 mm starkem
Kupferblech hergestellt sind. Auch bei diesen Apparaten ist
eine sorgfältige Ueberwachung durchaus geboten. Die durch
Einwirkung der weinsteinhaltigen Laugen entstehenden Korrosionen pflegen sich zuerst und am stärksten in der Berührungs-
zone von Dampf und flüssiger Masse zu zeigen.

Die zweckmässige Form und Einrichtung eines Hefekochers
geht aus der vorstehenden Abbildung hervor. Die Grösse

3*

des Kochers wählt man so, dass man in 2, höchstens 3 Operationen den Tagesbedarf verarbeiten kann, wenn man es nicht vorzieht, zwei Kessel zu beschaffen, die dann entsprechend kleiner sein können. Man lässt die Hefemassen durch die Füllöffnung einströmen, schliesst dieselbe, wenn der Kessel zu $^2/_3$ angefüllt ist, und lässt nun bei wenig geöffnetem Entlüftungsrohr L und geschlossenem Ablasshahn E durch die Dampfzuströmungsrohre D und D' Dampf eintreten, bis die Hefemassen in's Sieden gekommen sind. Das Ventil des Entlüftungsrohres L wird jetzt noch mehr zugedreht, sodass nur sehr wenig Dampf entweichen kann und somit der Druck die gewünschte Höhe erhält. Die aus dem Entlüftungsrohr austretenden Dämpfe sind sehr übelriechend und werden daher zweckmässig in eine Dampfkessel-Feuerung geleitet. Druck und Zeitdauer des Kochens müssen je nach Qualität der Hefe gewechselt werden. Für Teighefen und die für Verarbeitung ungünstigsten Trockenhefen ist ein Kochdruck von 4 Atm. während 4 Stunden erforderlich; bei guten italienischen Hefen ist der gewünschte Erfolg schon nach 2stündigem Kochen bei etwa 3 Atm. erreicht. Ein Verlust an Weinsäure ist, wie ich mich durch zahlreiche Laboratoriums- und Betriebs-Versuche überzeugt habe, unter den angegebenen Verhältnissen beim Kochen unter Druck nicht zu befürchten. Das auf dem Kessel angebrachte Sicherheits-Ventil ist $^1/_2$ Atm. höher als der Arbeitsdruck eingestellt. Während des Kochens wird das Entlüftungsrohr stets ein wenig geöffnet gehalten, damit die Hefemassen dauernd in wallendem Sieden bleiben. Der Dampfzutritt wird bei den Absperr-Ventilen der Rohre D und D', welche man von einer gemeinsamen, mit Reducir- und Rückschlag-Ventil versehenen Dampfleitung abzweigen lässt, entsprechend geregelt.

Sobald die Koch-Operation beendet ist, schliesst man die Dampfzuströmungs-Ventile, lässt den Dampfdruck durch weiteres Oeffnen des Entlüftungsrohres auf 1 bis $1^1/_2$ Atm. zurückgehen, und drückt nun durch Oeffnen des Ablasshahnes E die Hefemassen in eine der ausgebleiten Säuerungs-Bütten. Um etwaiges

Verstopfen des Druckrohres zu heben, ist dasselbe mit einem Dampfzuströmungsrohr d versehen. Als Material für das Druckrohr verwendet man dickwandige Eisengussrohre. Andere Materialien, wie Kupfer, Blei oder Schmiedeeisen, werden durch die strömenden heissen, sauren und sandhaltigen Hefemassen schnell zerstört.

Die in die Säuerungs-Bütten gedrückten Hefemassen werden durch Waschwässer verdünnt und sodann mit Schwefelsäure oder Salzsäure zur Lösung der weinsauren Salze versetzt. Da man es hier im Gegensatz zu dem Dekantir-Verfahren mit heissen Flüssigkeiten zu thun hat, kann an der Menge der Mineralsäuren abgebrochen werden. Man verwendet auf je 100 kg der nach Analyse vorhandenen Weinsäure

$$110\text{--}120 \text{ kg Salzsäure} \qquad \text{von } 20\text{--}22^0 \text{ Bé.,}$$
$$\text{oder} \quad 75\text{--} 80 \text{ „ Schwefelsäure } \quad \text{„} \qquad 60^0 \text{ Bé.}$$

Die Schwefelsäure hat vor der Salzsäure den grossen Vorzug, dass Bütten, Leitungen, Filterpressen und Presstücher weniger stark angegriffen werden. Aber es entstehen durch das später bei Fällung des weinsauren Kalks resultirende Abwasser nicht unerheblich höhere Verluste an Weinsäure, weil das Calciumtartrat namentlich in warmen Lösungen von schwefelsauren Alkalien weit leichter löslich ist als in Wasser oder in Lösungen von Chloralkalien. Die Verwendung von Salzsäure zur Säuerung ist daher unbedingt vorzuziehen.

Die mit Säure versetzten Hefemassen werden in einen der zweckmässig vorhandenen beiden Presscylinder abgelassen. Man verwendet hier am besten ebenfalls Kessel aus Kupfer; indessen steht auch der Benutzung von schmiedeeisernen Montejus, etwa alten Dampfkesseln, welche innen mit Blei ausgekleidet sind, nichts entgegen. Die Steigrohre sämmtlicher Presscylinder sind stets in ähnlicher Weise wie bei dem Hefekocher ausserhalb des Kessels zu führen und zur Beseitigung etwaiger Rohrverstopfungen mit einem Dampfzuleitungsrohr zu versehen.

Aus dem Presscylinder werden die mit Säure versetzten Hefemassen mittelst Luftdruck in die Filterpressen gedrückt.

Ueber die für jeden Weinsäure-Betrieb sehr wichtigen Druckluft-Vorrichtungen sei kurz Folgendes bemerkt. Die Luftkompressor-Anlage besteht zweckmässig aus 2 zuverlässigen Druckluftpumpen, deren jede für sich gross genug ist, dem normalen Bedarf an Druckluft zu genügen. Mit den Pumpen ist ein bei mittleren Weinsäure-Fabriken mindestens 6000 l fassendes Luftsammelreservoir (alter Dampfkessel) zu verbinden, dessen Sicherheits-Ventil auf 3 Atm. Ueberdruck gestellt ist. Die zu den Presscylindern führenden Druckluft-Leitungen sind so anzuordnen, dass der Luftzutritt in unmittelbarer Nähe der Filterpressen durch Absperr-Ventile geregelt werden kann.

Als Filtertücher für die Filtration der Hefemassen verwendet man gewöhnliche Sackjute-Tücher (Hessian). Bei dem Dietrich'schen Verfahren, wo heisse saure Flüssigkeiten filtrirt werden, gehen dieselben allerdings schnell zu Grunde. Man hat deshalb in mehreren Fabriken zu Baumwolltüchern, auch wohl zu kostspieligen Kameelhaartüchern gegriffen. Dieselben sind haltbarer, werden aber bei längerem Gebrauch undurchlässig und müssen oft ausgewaschen werden. Für den vorliegenden Zweck der Hefefiltration kann ich dieselben deshalb nicht empfehlen.

Die aus den Filterpressen ablaufende saure Lösung der weinsauren Salze soll 7—9° Bé. stark sein. Sobald die Filterpressen gefüllt sind, wäscht man mit der Auswasch-Vorrichtung der Filterpressen aus. Das Waschwasser wird ebenfalls aus einem Druckfass den Filterpressen mit Druckluft zugeführt. Man verwendet vielfach heisses Waschwasser, weil dies besser durch die Hefekuchen dringt und etwa vorhandenen krystallinischen Weinstein schneller löst. Indessen scheint es zweckmässiger, mit kaltem Wasser auszuwaschen, weil damit eine sehr wünschenswerthe Abkühlung der Laugen in den Fällbütten erreicht wird. Die letzten Waschwässer, etwa von 2° Bé. an, werden zunächst zum Verdünnen der aus dem Kocher gedrückten Hefemassen verwendet und schliesslich zum Anrühren der frisch angesetzten Hefe vor dem Ablassen in den Dampfkocher benutzt. Die von den Pressen ablaufende Lauge

gelangt sammt den ersten Waschwässern in die hölzernen Fällbütten und wird hier unter starkem Rühren, in ähnlicher Weise
wie bei dem Dekantir-Verfahren, mit Kalk und Kreide auf
weinsauren Kalk ausgefällt. Man hat sich hier besonders davor zu hüten, dass man auch nicht zeitweilig einen Ueberschuss von Kreide oder gar Kalk hinzufügt, da sonst der weinsaure Kalk wesentlich an Qualität einbüsst. Die Probe, ob
die Ausfällung vollendet ist, wird in der Weise ausgeführt,
dass etwa 200 ccm der ausgefällten Flüssigkeit zum wallenden
Sieden erhitzt und dann schnell mit einem grossen Ueberschuss von in wenig Wasser aufgeschlemmter Kreide versetzt
werden. Ein etwaiges Aufbrausen zeigt an, ob noch Zusatz
von Kreide bei der betreffenden Bütte nothwendig ist. Die
noch erforderliche Menge von Kreide kann aus der Höhe des
Schaumes und der Zeitdauer, in welcher sich derselbe bildet,
bei einiger Uebung erkannt werden. Die Flüssigkeit zeigt
nach vollendeter Ausfällung in Folge der Gegenwart von Me-
tallsalzen und sauren phosphorsauren Alkalien gegen Lakmus
noch deutlich saure Reaktion.

Nach dem Ausfällen des weinsauren Kalks muss die Masse
in den Fällbütten noch mehrere Stunden, am besten über Nacht,
kräftig gerührt werden, damit sowohl durch die hierdurch bewirkte
Abkühlung, wie auch durch das Rühren selbst das Calciumtartrat möglichst vollständig abgeschieden wird. Bei der grossen
Neigung des weinsauren Kalks, in feuchtem Zustande bei Tem-
peraturen zwischen 30 und 40° C. in lebhafte Gährung überzugehen, kann man die weitere Verarbeitung nicht zu lange
hinausschieben. Aus demselben Grunde müssen die Fällbütten
nach jeder Fällung sehr sorgfältig von weinsaurem Kalk gereinigt und gut ausgewaschen werden, damit in den Bütten-
resten sich Gährpilze nicht ansiedeln.

Bei dem Hochdruck-Verfahren entstehen stets beträchtliche
Verluste an Weinsäure durch die bei Fällung des weinsauren
Kalks entstehenden Abwässer. Die letzteren enthalten je
nach Koncentration der gefällten Lauge, nach Zeitdauer des
Rührens und nach Temperatur 1,0 bis 1,8 g Weinsäure im

Liter. Der Weinsäure-Verlust durch das Abwasser erreicht dadurch eine Höhe von 3 bis 4 Proc. des Gesammteinsatzes. Wie auch Hölbling hervorhebt, haben die Abwässer überdies die lästige Eigenschaft sehr starken Schäumens.

Nach beendeter Ausfällung des Calciumtartrats stellt man die Rührwerke der Fällbütten ab, lässt den weinsauren Kalk absitzen und zieht das überstehende Abwasser ab. Man hat sich hier besonders davor zu hüten, den auf der Oberfläche des krystallinischen weinsauren Kalks sich ablagernden stark weinsäurehaltigen Schlamm mit dem Abwasser abzuziehen. Die Beseitigung des Abwassers darf deshalb erst erfolgen, wenn sich dasselbe vollständig geklärt hat. Der weinsaure Kalk wird hierauf wie beim Dekantirverfahren zunächst in der Bütte einige Male durch Anrühren mit kaltem Wasser ausgewaschen, alsdann auf einem Nutschfilter gesammelt und in der oben beschriebenen Weise auf Weinsäure-Rohlauge weiter verarbeitet.

3. Das Röst-Verfahren.

Wie beim Kochen unter Druck in der Hefe durch hohe Temperatur bei Gegenwart von Wasser die schleimigen, der Filtration hinderlichen Substanzen zerstört werden, so kann nach einer ebenfalls von Fr. Dietrich und G. Schnitzer (1879) herrührenden Angabe die Weinhefe auch in trocknem Zustande durch längeres Erhitzen auf 140—150° C. filtrirfähig gemacht werden. Wenn hierbei die Temperatur-Grenze von 150° C. nicht überschritten wird, so tritt selbst bei 12stündigem Erhitzen nach zahlreichen von mir ausgeführten Versuchen, abgesehen von dem Krystallwasser-Verlust des weinsauren Kalks, noch keine Zersetzung des Weinsteins oder des Calciumtartrats ein. Die durch mehrstündiges Rösten vorbereitete Hefe kann ohne Weiteres mit verdünnter Mineralsäure angerührt und wie beim Hochdruck-Verfahren weiter verarbeitet werden. Man hat hierbei noch den Vortheil, dass man mit kalten Lösungen arbeiten und dadurch den Weinsäure-Verlust durch die Abwässer verringern kann. Bei dem Koch-Verfahren ist dies wegen des zur Abkühlung erforderlichen Zeitaufwands nicht wohl durchführbar, wenn man nicht die ganze Apparatur bedeutend vergrössern will. Trotz dieses Vortheils hat sich, soweit mir bekannt, das Röst-Verfahren in der Grossindustrie nirgends dauernd behaupten können. Es liegt dies daran, dass einerseits nach Hölbling's Mittheilung das völlige Ausziehen der Weinsäure aus den gerösteten Hefemassen nur schwer gelingt, und dass andererseits zuverlässige Röstapparate von hinreichender quantitativer Leistungsfähigkeit bisher nicht vorhanden waren. Bei den mit direkter Feuerung geheizten Röstkammern, welche dem Vernehmen nach in kleinen italienischen Weinstein-Raffinerien mehrfach in Gebrauch sind, ist die genaue und gleichmässige Regulirung der Temperatur sehr schwer zu erreichen und zu überwachen. Die kleineren, mit Rührwerk versehenen oder rotirenden, direkt oder mittelst Oelbad geheizten Apparate, wie sie in Dextrin-Fabriken gebraucht werden, sind für die Verarbeitung grösserer Material-Mengen wenig geeignet. Die Aufgabe, Weinhefe auch für den Grossbetrieb bei einer Temperatur von 140—150° C. zu rösten, kann unzweifelhaft in verschiedener Weise gelöst werden. Da sich aber, wie erwähnt, das Röst-Verfahren in der Grossindustrie nicht eingebürgert hat, scheint ein näheres Eingehen auf das Rösten hier nicht erforderlich.

4. Das neutrale Verfahren.

Bevor die Weinsäure-Industrie durch den Wettbewerb zur Verarbeitung von Weinhefe und anderen mindergrädigen Materialien gedrängt wurde, bildeten hochprocentige Weinsteine das Ausgangs-Material für die Weinsäure-Gewinnung. Die Verarbeitung solchen Weinsteins geschah allgemein nach dem schon von Scheele angegebenen, von Klaproth und später von Wurtz näher beschriebenen Verfahren: Der Weinstein wurde mit Wasser angerührt und sodann unter Kochen mit Kalk oder Kreide neutralisirt. Dadurch wurde die Hälfte der im Weinstein vorhandenen Weinsäure als Calciumtartrat gefällt, die andere Hälfte ging als neutrales weinsaures Kali in Lösung und wurde sodann durch Zusatz eines löslichen Kalksalzes, wie Gyps oder Chlorcalcium, ebenfalls in weinsauren Kalk übergeführt. Die Gesammtmenge des weinsauren Kalks wurde ausgewaschen und sodann in bekannter Weise auf Weinsäure-Rohlauge weiter verarbeitet.

Dies „neutrale Verfahren", bei welchem mithin die erste Operation, das Lösen der weinsauren Salze in Mineralsäuren, völlig umgangen wurde, konnte wegen der in der Weinhefe neben den weinsauren Salzen enthaltenen Bestandtheile, bei der Verarbeitung von Hefe lange Zeit nicht eingeschlagen werden. Es war von vornherein ausgeschlossen, dass die mit weinsaurem Kalk durchsetzten Hefemassen von dem Abwasser durch Filtration getrennt werden konnten. Das Auswaschen musste daher durch Dekantiren bewirkt werden. Zwar ergab es sich, dass aus den durch erschöpfendes Auswaschen von allen wasserlöslichen Bestandtheilen befreiten Massen durch verdünnte Schwefelsäure keinerlei für die spätere Krystallisation der Weinsäure hinderliche Substanzen mehr ausgezogen wurden, aber auch hiermit waren die Schwierigkeiten, welche der Verarbeitung der Weinhefe nach dem neutralen Verfahren entgegenstanden, noch nicht beseitigt. Bei vielen Hefepartien traten nämlich bald nach der Neutralisation die bei weinsaurem Kalk mit Recht so gefürchteten Gährungs-Erscheinungen auf. Dadurch wurde dann in Folge der aufsteigenden Kohlensäure-Bläschen das Absetzen der Massen verhindert, ein gründliches Auswaschen somit unmöglich gemacht und überdies empfindliche Weinsäure-Verluste herbeigeführt. Es erwies sich durch weitere Versuche, dass diese Gährungs-Erscheinungen nur durch die in der Hefe bereits enthaltenen Spaltpilze herbeigeführt werden. Da die nach normal verlaufener Gährung des Mostes gewonnene frische Weinhefe verhältnissmässig nur wenige Bakterien enthalten kann, lag die Annahme nahe, dass sich die Spaltpilze erst beim Trocknen der Weinhefe entwickeln und daher um so zahlreicher in einer Hefe vertreten sind, je langsamer dieselbe getrocknet wurde. Diese Voraussetzung wurde sowohl durch mit frischer Hefe angestellte Versuche, wie auch durch die Eigenschaften der im Handel vorkommenden Hefepartien durchaus bestätigt. Während die unter günstigen Verhältnissen getrockneten italienischen Hefen keine Neigung zeigten, nach der Neutralisation in Gährung überzugehen, war unter den Weinhefen gleicher Provenienz hierzu lebhafte Disposition vorhanden, als dieselben während einer längeren Regen-Periode getrocknet werden mussten. Noch gährfähiger erwiesen sich durchgehends die österreichisch-ungarischen Hefen, bei welchen das Trocknen unter ungünstigen Witterungs-Verhältnissen die Regel bildet. Der allmähliche Rückgang im Weinsäure-Gehalt beim Lagern von Hefe-Partien rührt ebenfalls von der Lebensthätigkeit der Spaltpilze her und erfolgt daher gleichfalls um so schneller, je langsamer und unvollständiger die Hefe getrocknet wurde.

Bei den Gährungen weinsaurer Salze kann das von Pasteur beschriebene gekrümmte Stäbchen-Bakterium, welches in Cohnscher Nährlösung[1]) sich besonders leicht kultiviren lässt, regelmässig in reichlicher Menge nachgewiesen werden. Ausser diesem Vibrio sind aber an den Gährungs-Erscheinungen durchgehends andere Bakterien von allen Wuchsformen in hervorragender Weise betheiligt. Ein näheres Studium dieser Spaltpilze, sowie auch der durch die Gährung gebildeten Zersetzungs-Produkte, deren Untersuchung Hölbling in Aussicht stellt, würde interessante Ergebnisse erwarten lassen.

Vor der Verarbeitung nach dem neutralen Verfahren müssen somit sämmtliche zur Gährung geneigte Hefen sorgfältig sterilisirt werden. Dies wird am einfachsten durch längeres Erwärmen auf eine 100⁰ C. wenig übersteigende Temperatur erreicht. Eine ungünstige Einwirkung solchen Erhitzens auf die späteren Weinsäure-Laugen ist nicht zu erwarten, sobald man nur dafür sorgt, dass die Weinhefe nicht längere Zeit einer

---

[1]) 0,5 g phosphors. Kali, 0,5 kryst. schwefelsaure Magnesia, 0,05 g dreibas. phosphorsaurer Kalk auf 100 ccm destillirtes Wasser; hierin gelöst: 1,0 g weinsaures Ammoniak.

120⁰ C. übersteigenden Temperatur ausgesetzt wird. Ob ein
Material der Operation des Sterilisirens unterzogen werden
muss oder nicht, lässt sich schon aus allgemeinen Anzeichen
vermuthen. So macht die Provenienz aus Spanien, Oesterreich,
Ungarn, Rumänien, ein hoher Titer im Vergleich zum Weinstein-Gehalt, ungünstiges Aussehen, merklicher Feuchtigkeits-
Gehalt ein Material von vornherein verdächtig. Sichern Aufschluss giebt folgende einfache Probe, welche daher mit jeder
Hefepartie vor der Verarbeitung nach dem neutralen Verfahren vorgenommen wird:

40 g Hefe werden in einem Becherglase von etwa 400 ccm
Inhalt mit Wasser angerührt, mit 50 ccm einer 10proc. Chlorcalcium-Lösung versetzt und nun in der Kälte mit Kalkmilch
genau neutralisirt, das Becherglas mit Wasser unter Rühren
angefüllt. Die Masse bleibt bei etwa 35⁰ C. 24 Stunden stehen.
Ist nach dieser Zeit deutliche Gährung eingetreten, so muss
die betreffende Hefe vor der Verarbeitung sterilisirt werden.
Ist die Hefe noch gut abgesetzt, so dass sie eine ebene Fläche
gegen das darüber stehende Abwasser bildet, so ist die Steri-
lisirung selbst dann nicht erforderlich, wenn bei Berührung des
Glases einige kleine Kohlensäure-Bläschen entweichen sollten.

Die Verarbeitung von Weinhefe nach dem neutralen Verfahren gestaltet sich folgendermaassen: Das Material wird in
sorgfältiger Weise gemahlen und erforderlichenfalls sterilisirt.
Das Mahlen muss in der beim Dekantir-Verfahren beschriebenen
Weise geschehen. Es ist durchaus nothwendig, dass das Mahlprodukt möglichst griesförmige Beschaffenheit zeigt, nicht all-
zuviel feines Mehl enthält und durch Sieben von grösseren
Stücken und Verunreinigungen befreit ist. Das Sterilisiren
wurde in einem nach Art der Rauchröhren-Dampfkessel ge-
bauten Apparat vorgenommen. Ein walzenförmiger, aufrecht
gestellter Kessel von 4,8 m Höhe und 1,6 m Durchmesser ist
in der Längsrichtung von 120 Rohren mit lichtem Durchmesser
von 90 mm durchzogen, welche an den beiden Stirnplatten
durch Einwalzen gedichtet sind. Die Rohre sind unten durch
einen gemeinschaftlichen Schieber geschlossen; oben trägt der

ganze Apparat einen Blechrand, welcher als Fülltrichter für die Beschickung der Rohre dient. Die gemahlene Hefe wurde von oben in die Rohre eingefüllt, der Apparat sodann durch in den Mantel einströmenden Dampf geheizt. Damit auch die in der Mitte der Rohre befindliche Hefe eine Temperatur von 110—120⁰ C. erhält, welche zur Sterilisation erforderlich ist, muss man den Dampfdruck während 2 Stunden auf 3 Atm. Ueberdruck halten, wobei man selbstverständlich für Abfluss des entstehenden Kondenswassers aus dem Dampfmantel Sorge trägt. Bei gemahlener Hefe ist es nicht möglich, die Heizung des Dampfmantels ohne Weiteres auf den Druck von 3 Atm. zu treiben. Da die Hefe stets noch mehr oder weniger grosse Mengen von Feuchtigkeit enthält, findet in diesem Falle eine plötzliche Entwicklung von Wasserdampf statt, wodurch Hefemassen aus den Rohren hinausgeschleudert werden. Derartiges „Schiessen“ der Rohre ist stets mit Verlust an Hefe durch Verstauben verknüpft. Um dasselbe zu vermeiden, kann man daher bei Verwendung dieses Apparats mit dem Anheizen nur langsam vorgehen. Man lässt den Dampfdruck im Mantel während der ersten Stunde nur auf 1 Atm. steigen, giebt während der 2. Stunde des Erhitzens 2 Atm. und während der 3. und 4. Stunde einen Dampfdruck von 3 Atm. Hierauf wird der Dampf abgestellt, und die Rohre durch Fortziehen des unter dem Kessel angebrachten Schiebers entleert. Das Entleeren selbst geht ohne Anstand von Statten, nur muss man durch Umkleiden des ganzen Apparats mit einem dichten Holz-Gehäuse dafür sorgen, dass hierbei kein Verstauben des Materials eintritt. Während der Operation des Erhitzens entweichen aus den Rohren sehr übelriechende, hauptsächlich vom Weinöl der Hefe herrührende Dämpfe, welche in befriedigender Weise kaum gesammelt und unschädlich gemacht werden können. Dazu kommt ein weiterer Uebelstand des beschriebenen Apparats. Durch das häufige Anheizen und Abkühlen entstehen an den Rohrböden leicht undichte Stellen, wodurch die Hefe angefeuchtet wird. Aus den angeführten Gründen kann ich den beschriebenen Apparat, obwohl er im Uebrigen zuverlässig und sicher funktionirt und auch hinsichtlich seiner quantitativen Leistung befriedigt, zur Einführung nicht empfehlen.

Das Sterilisiren der Hefe kann selbstverständlich, ebenso wie bei dem beschriebenen Apparat vor oder nach dem Mahlen, in Heizkammern erfolgen, welche durch Dampf- oder Heisswasserrohre geheizt werden. Von der Anwendung einer derartigen Heizkammer hat mich nur die Erwägung zurückgehalten, dass man sich schwer darüber Gewissheit verschaffen

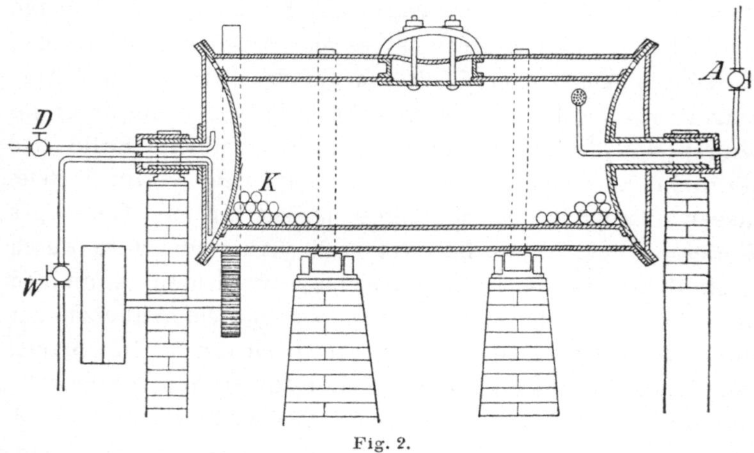

Fig. 2.

kann, ob eine gleichmässige und dauernde Durchwärmung des gesammten Materials auf die gewünschte Temperatur von etwa 115⁰ C. stattgefunden hat.

Am zweckmässigsten verwendet man zum Sterilisiren der Weinhefe den nachstehend beschriebenen Apparat (Fig. 2), welcher nach Art des von der Firma Podewils zur Verarbeitung von Thierkadavern konstruirten Kessels gebaut ist.

Der Apparat stellt im Wesentlichen eine mit Dampfmantel umgebene Kugelmühle dar. Der innere Raum ist bestimmt zur Aufnahme des Materials und der Mahlkugeln K. Der Raum zwischen der äusseren und inneren Wandung dient als Heizmantel, in welchen durch das axial gelagerte Rohr D der Dampf eingeführt wird. Neben diesem Dampfzuführungsrohr D befindet sich das ebenfalls feststehende Rohr W, welches innerhalb des Heizmantels nach unten geführt ist, um das sich unten im Dampfmantel ansammelnde Kondenswasser nach aussen abzuführen. An der gegenüberliegenden Kopfseite des Apparats befindet sich das ebenfalls feststehend in der Axe gelagerte Dunstabführungs-Rohr A, welches in den inneren Raum des Apparats einmündet, hier nach aufwärts gebogen ist und am oberen Ende einen siebförmig durchlöcherten Kopf trägt. Das aus dem Apparat austretende Ende des Rohrs A kann sowohl mit einer Kühlschlange, wie mit einer Staubkammer zum Auffangen von mitgerissener staubförmiger Hefe verbunden werden. Aus der Staubkammer werden die übelriechenden Dünste durch ein Rohr abgeführt, am einfachsten in die Feuerung eines Dampfkessels.

Der beschriebene Apparat bietet den Vortheil, dass man bei Verarbeitung von Teighefe in leicht ersichtlicher Weise Abdestilliren des Alkohols, Trocknen, Mahlen und Sterilisiren des Materials zu einer einzigen Operation verbinden kann. Die Verwendung desselben dürfte deshalb besonders vortheilhaft sein in den weinbautreibenden Ländern, wo man neben dem Weinsprit gleichzeitig eine für die Verarbeitung fertige Hefe gewinnen würde.

Zur Verarbeitung füllt man die Teighefe durch das Mannloch in den Apparat ein, schliesst den Mannlochdeckel und heizt nun den Apparat, indem man Dampf in den Mantel einströmen lässt. Gleichzeitig versetzt man den Apparat durch das Zahntriebwerk in Rotation. Die zähen Hefemassen werden durch die schweren Mahlkugeln K fortwährend zertheilt und somit getrocknet. Die aus dem Dunstabzugsrohr A entweichenden alkoholhaltigen Dämpfe werden in einer Kühlschlange kondensirt und als Weinsprit gesammelt. Sobald die Masse im Apparat trocken geworden ist, verbindet man das Abzugsrohr mit der Staubkammer, damit verstaubendes Material zurückgehalten wird. Unter weiter fortgesetzter Rotation des Apparats und Steigerung des Dampfdrucks im Mantel auf 3 Atm. Ueberdruck wird die Hefe nunmehr gleichzeitig sterilisirt und gemahlen. Da die durch Erhitzen sterilisirte Hefe sich bei der nachfolgenden Behandlung aus den wässrigen Lösungen leicht und vollständig absetzt, so ist es unbedenklich, dass bei dieser Art der Mahlung ein erheblicher Theil des Materials in feines Mehl verwandelt wird. Bei oder nach dem Entleeren des Apparats lässt man die Hefe zum Absieben von Verunreinigungen und gröberen Stücken durch ein Drahtsieb laufen. Bei Verarbeitung von Trockenhefe kommt das anfängliche Trocknen und Abdestilliren des Alkohols in Fortfall; im Uebrigen operirt man in gleicher Weise. In Fabriken, in welchen nur trocknes Material verarbeitet wird, nimmt man das Mahlen zweckmässig mittelst Mahlgang oder Kugelmühle vor und bewirkt das Sterilisiren, am besten vor dem Mahlen, in einem entsprechend vereinfachten Apparat, welcher einen mit Dampfmantel und Dunstabzugsrohr versehenen rotirenden Kessel darstellt. Man kann darauf rechnen, dass bei ausschliesslicher Verarbeitung trocknen Materials höchstens ein Viertel der Weinhefe der Operation des Sterilisirens unterworfen werden muss.

Die gemahlene und hinreichend sterile Weinhefe wird nunmehr in hölzernen, mit Rührwerk versehenen Bütten mit Wasser oder dünnem Waschwasser in der Kälte angesetzt. Obwohl in diesen Bütten später auch der Säure-Zusatz vorgenommen wird, so ist es doch nicht nöthig, dieselben innen mit einem Bleifutter zu überziehen, weil ein Zerstören der hölzernen Dauben durch die überdies nur vorübergehende Einwirkung der verdünnten, kalten Säure nicht eintritt. Um bei jeder Operation ein hinreichend grosses Hefequantum verarbeiten zu können, wählt man die Ansatzbütten in nicht zu kleinen Dimensionen. Bütten, welche bei einem lichten mittleren Durchmesser von 3,2 m und einer Höhe von etwa 1,7 m ungefähr 120 hl Fassungsraum besitzen, haben sich gut bewährt. Es können in derartigen Bottichen 1500 bis 1800 kg Hefe in jeder Operation angesetzt werden. Man füllt die Bütten mit Waschwasser von den Hefepressen zunächst $^2/_3$ an und trägt nun die Hefe bei laufendem Rührwerk durch in die Bütten eingesenkte Holzschächte ein. Nach dem Ansetzen des Materials werden die

Holzschächte wieder entfernt. Sodann wird das erforderliche Quantum Chlorcalcium in Lösung zugesetzt. Der Titer eines Materials, d. h. der scheinbare Weinstein-Gehalt in Procenten mit 0,32 multiplicirt ergiebt die für 100 kg Material erforderliche Menge von Chlorcalcium in kg. Obwohl das im Handel vorkommende technische Chlorcalcium meistens nur etwa 75 proc. wasserfreies $CaCl_2$ enthält, pflegt diese theoretisch von reinem Salz erforderliche Menge auch in der Praxis ausreichend zu sein. Die in der Hefe enthaltenen sauren Substanzen, welche nicht Weinstein sind, werden durch die Kalkmilch neutralisirt und die so entstandenen Kalksalze wirken in derselben Weise wie das in Lösung zugesetzte Chlorcalcium. Ob eine hinreichende Menge von Calciumchlorid zugesetzt ist, wird später durch Probiren ermittelt.

Nach dem Zusatz des Chlorcalciums lässt man mittelst Kalkmilchleitung langsam und vorsichtig bis zur neutralen Reaktion Kalkmilch zu dem Bütteninhalt laufen. Diese Neutralisation soll so langsam erfolgen oder so oft unterbrochen werden, dass sie etwa 3 Stunden beansprucht. Ist der Hefe Rohweinstein beigemischt, so pflegt die Neutralisation noch länger zu dauern, weil die vorhandenen harten Weinsteinkryställchen sich verhältnissmässig schwer in der kalten Flüssigkeit lösen. Der Endpunkt der Neutralisation wird mit Lakmuspapier bestimmt, welches durch die Flüssigkeit der Bütte den gleichen Farbenton annehmen soll wie durch frisches Brunnenwasser. Nach Beendigung der Neutralisation, d. h. also nach dem letzten Zusatz von Kalkmilch, lässt man das Rührwerk noch 2 Stunden laufen. Während der ganzen Operation soll die Temperatur des Bütteninhalts nicht höher als 25° C. steigen; je niedriger die Temperatur gehalten wird, um so besser gelingt das spätere Absetzen und Auswaschen der Hefemassen. Eine Temperatur unter 20° C. ist indessen nicht erwünscht, weil der Weinstein sich sonst zu langsam lösen, die Neutralisation sich mithin zu sehr verzögern würde. Wegen der entstehenden Reaktionswärme braucht man übrigens nur darauf zu achten, dass die Temperatur nicht zu hoch steigt.

Sobald die Neutralisation beendet ist, überzeugt man sich, ob der Chlorcalcium-Zusatz genügend war. Wenn eine abfiltrirte Probe der Flüssigkeit mit oxalsaurem Ammonium eine ziemlich starke Fällung giebt, ist man sicher, dass ein Ueberschuss löslicher Kalksalze und kein unzersetztes neutrales weinsaures Kalium mehr vorhanden ist. Erforderlichenfalls muss noch Chlorcalcium, etwa 10 kg, zugesetzt werden und das Rührwerk der Bütte noch 2 Stunden länger laufen. Sodann wird abgestellt, und das erste Abwasser, je nach dem Verhalten der Hefe nach 2 bis 4 Stunden abgezogen. Man überzeugt sich, ob ein hinreichendes Absetzen der Hefe stattgefunden hat, indem man ein Glasrohr von etwa 8 mm lichter

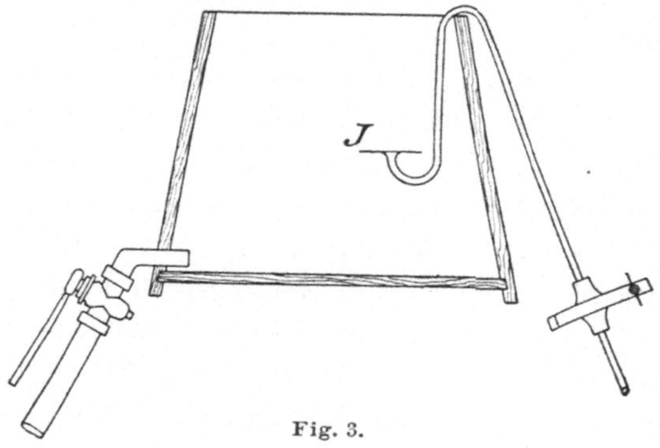

Fig. 3.

Bohrung in die Bütte einsenkt, die obere Oeffnung mit dem Finger schliesst und nun mit dem Rohr eine Probe der Bütte entnimmt. Sobald die festen Massen sich hinreichend abgesetzt haben, legt man den in vorstehender Figur skizzirten Heber ein und zieht das Abwasser ab. Die mit einer Scheibe versehene Einlauföffnung J des Hebers soll sich genau in halber Höhe der Bütte befinden. Die aus Kupferrohr von etwa 45 mm l. W. in obiger Form gefertigten Heber haben sich in jeder Hinsicht gut bewährt und sind auch seitlich an den Bütten angebrachten Ausflussöffnungen vorzuziehen, weil man bei Anwendung der Heber das Abziehen von Hefemassen mit Sicherheit vermeiden kann. Wenn sich ausnahmsweise einmal die Hefe nicht bis zur Mitte absetzen sollte, kann man sich bei den Hebern leicht dadurch helfen, dass man dieselben nicht ganz einsenkt. Die Ausflussöffnung der Heber ist mit einem Schlauchverschluss versehen. Die ersten Mengen des Abwassers lässt man in einen bereitgehaltenen Eimer laufen, damit sicher ein Fortlaufen von der mit weinsaurem Kalk durchsetzten Hefe vermieden wird. Eine Mischprobe aller ersten Abwässer wird täglich nach der Methode B im Laboratorium untersucht. Der Weinsäure-Gehalt soll 0,10 g im Liter nicht übersteigen. Es gelingt bei einiger Aufmerksamkeit leicht, diese untere Grenze innezuhalten. Nach dem Abziehen des Abwassers rückt man das Rührwerk der Bütte langsam und vorsichtig wieder ein. Eine besondere Vorrichtung zum Heben und Senken des Rührwerks ist nicht erforderlich, wenn man nur dafür sorgt, dass ein unnöthig langes Absetzen der Hefemassen unterbleibt. Sobald das Rührwerk wieder in Gang gesetzt ist, lässt man die Bütte mit Wasser voll laufen. Die Temperatur des zum Auffüllen gebrauchten Wassers soll möglichst niedrig sein und 15^0 C. jedenfalls nicht übersteigen. Bei Beobachtung dieser Vorsichtsmaassregel ist weder zu befürchten, dass in den Hefemassen Neigung zur Gährung auftritt, noch dass erkennbare Mengen von dem ausgefällten weinsauren Kalk wieder in Lösung übergeführt werden. Der in den zweiten und folgenden Abwässern noch nachweisbare Weinsäure-Gehalt rührt lediglich von dem in der Bütte zurückbleibenden Quantum des ersten Abwassers her. Nachdem die Bütte mit Wasser angefüllt ist, lässt man das Rührwerk noch eine Stunde lang laufen und stellt sodann wieder zum Absetzen ab. In dieser Weise wird fortgefahren, sodass im Ganzen 8 Abwässer resultiren. Ausnahmsweise, z. B. am Sonntag Morgen, um die Maschine abstellen zu können, oder am Mittwoch, damit die Montag angesetzten Bütten pressfähig sind — kann man sich mit 7 Abwässern begnügen. Das Auswaschen muss durch in Tag- und Nachtschicht wechselnde zuverlässige Arbeiter kontinuirlich betrieben werden. Das letzte Abwasser wird möglichst vollständig, wenn thunlich unter Verwendung eines etwas längeren Hebers, von den mit weinsaurem Kalk durchsetzten Hefemassen abgezogen, um ein unnöthiges Verdünnen der Weinsäure-Lauge zu vermeiden.

Ist das Auswässern beendet, so schreitet man zum Zersetzen des weinsauren Kalks mit Schwefelsäure. Ein annähernd ausreichender Schwefelsäure-Zusatz wird unter allen Umständen sogleich nach dem Auswaschen gemacht, weil man dadurch ein Zersetzen des weinsauren Kalks durch Gährungen verhindert[1]). Da man es hier mit weit dünneren Laugen zu thun hat, als bei Zerlegung des reinen weinsauren Kalks nach den früher beschriebenen Verfahren, so muss die Endreaktion in besonders sorgfältiger Weise vorgenommen werden. Ein etwaiger zu grosser Ueberschuss an Schwefelsäure würde gegenüber dem Weinsäure-Gehalt noch mehr hervortreten und hierdurch bei dem nachfolgenden Eindampfen der Lösungen beträchtliche Weinsäure-Verluste herbeiführen können. Man führt die Endreaktion in folgender Weise aus: Eine abfiltrirte Probe der Lauge wird im Reagensglase zum Sieden erhitzt, sodann mit ungefähr dem gleichen Volumen einer 10 procentigen Chlorcalcium-Lösung versetzt und etwa 1 Minute im Sieden erhalten. Bei richtigem Zusatz von Schwefelsäure tritt nach dieser Zeit eine mässige Fällung von Gyps in deutlichen feinen Flocken oder Blättchen ein. So sehr es wünschenswerth ist, dass man einen unnöthigen Ueberschuss von Schwefelsäure in der Bütte vermeidet, und dass mithin diese Reaktion nicht zu stark auftritt, so darf man sich doch nicht durch eine Opalescenz oder auch schwache feinpulverige Abscheidung täuschen lassen. Ein derartiger Niederschlag kann auch durch Ausfallen des in Lösung befindlichen Gypses hervorgerufen sein und erheblich früher eintreten, bevor der Schwefelsäure-Zusatz ausreichend ist.

---

[1]) Hölbling's Beobachtung, dass auch in stark sauren Flüssigkeiten durch Bakterien verursachte Gährungen auftreten, kann ich nicht bestätigen. Wohl findet allmählich ein Schimmeln statt, doch sind die durch Schimmelpilze herbeigeführten Weinsäure-Verluste im Allgemeinen so geringfügig, dass sie nicht in Betracht kommen.

Wenn die Zersetzung des weinsauren Kalks durch Schwefelsäure beendet ist, kann der Bütteninhalt zum Filtriren in die Druckfässer abgelassen werden. Es ist zweckmässig, an sämmtlichen Hefe-Ansetzbütten vorüber eine gemeinschaftliche Sammel- und Ablassrinne zu führen, welche von solchen Dimensionen gewählt ist, dass sie etwa die Hälfte eines Bütteninhalts fasst. Von dieser Rinne aus füllt man den Presscylinder, indem man die Massen durch ein Drahtsieb laufen lässt, um etwa vorhandene Holzstücke, Lappen von Sackleinwand u. s. w. zurückzuhalten. Hinsichtlich der Filterpressen-Einrichtung gelten die beim Hochdruck-Verfahren gemachten Bemerkungen. Als Presscylinder haben sich für eine tägliche Verarbeitung von 4000 bis 5000 kg Hefe 2 Kupfercylinder von 1 m Durchmesser und $3^1/_2$ m Höhe gut bewährt. Die Steigleitung von den Druckfässern zu den Filterpressen stellt man aus Bleiröhren von 10 mm Wandstärke und 75 mm l. W. her. Die Filterrahmen und Platten wählt man von Lärchenholz. Für den mit Hefemasse zu füllenden Hohlraum der Pressrahmen können folgende Abmessungen empfohlen werden: Höhe 86 cm, Breite 80 cm, Tiefe 3 cm. Es ist nicht zweckmässig, stärkere Pressrahmen zu benutzen, weil das Auswaschen sonst zu langsam von Statten geht. 1 kg in den Bütten angesetzten Rohmaterials von etwa 30 Proc. Weinsäure erfordert ungefähr 0,5 l Hohlraum in den Filterpressen. Als Presstuch verwendet man gewöhnliche Hessian-Sackjute. Derartige Tücher halten 2 Monate und länger. Das Auswaschen der Filterpressen erfolgt selbstverständlich mit kaltem Wasser.

Die von den Pressen ablaufende Lauge, welche im Mittel ein specifisches Gewicht von 10^0 Bé. zeigen soll, rinnt in die Eindampf-Pfannen des Krystallisir-Baus. Eben dahin lässt man auch die ersten Mengen der Waschlaugen laufen. Sinkt das specifische Gewicht der Waschwässer unter 4^0 Bé., so lässt man dieselben in eine entleerte und demnächst frisch zu beschickende Ansatzbütte zurücklaufen, weil das Eindampfen dieser dünnen Weinsäure-Laugen nicht mehr lohnend ist. Es gelingt ohne Schwierigkeit, mit den gleichen Filterpressen täglich bei 12 stündigem Betriebe 3 Pressoperationen zu machen.

Eine Durchschnittsprobe der von den Pressen abgeräumten Kuchen wird im Laboratorium untersucht, und zwar empfiehlt es sich, von jeder Pressoperation den Titer bestimmen zu lassen, und aussserdem von einer Tages-Durchschnittsprobe den Weinsäure-Gehalt genau zu ermitteln. Um das Auswaschen in den Hefe-Ansetzbütten zu kontroliren, ist es ausserdem erforderlich, mindestens eine Wochen-Durchschnittsprobe der ursprünglichen, von den Pressen ablaufenden Laugen auf ihren Chlorkalium-Gehalt prüfen zu lassen. Derselbe soll bei einer 10^0 Bé. Weinsäure-Lauge nicht mehr als 0,1 g KCl p. l. betragen.

Wie aus der vorstehenden Beschreibung ersichtlich, ist das neutrale Verfahren weitaus einfacher als die zuvor dargelegten Arbeitsweisen. Indessen erfordern die Operationen in den Ansetzbütten ein sorgfältiges Arbeiten und daher eine gewissenhafte Ueberwachung. Um den Arbeitsgang jederzeit genau kontroliren zu können, hat es sich als zweckmässig erwiesen, über einen jeden Ansatz einen fortlaufenden Arbeitszettel führen zu lassen. Dieser Zettel wird, so lange sich der betreffende Ansatz in der Bütte befindet, in einem an derselben angebrachten Kasten aufbewahrt, um später im Betriebsbureau abgeliefert zu werden. Die Einrichtung und Verwendung eines derartigen Arbeitszettels geht aus dem nebenstehenden Beispiel hervor.

5. Die Abfall-Produkte der Weinsäure-Industrie.

Das in der Weinsäure-Industrie entstehende Abwasser enthält neben organischen Substanzen vorzugsweise Chlorkalium oder schwefelsaures Kalium. Daneben finden sich geringe Mengen von Chlorcalcium oder Gyps vor. Das zur Trockne eingedampfte Salz pflegt etwa 1 Proc. Stickstoff zu enthalten und wäre daher als stickstoffhaltiger Kalidünger gut verwendbar. Es ist wiederholt vorgeschlagen, das Abwasser zur Gewinnung der Kalisalze einzudampfen; auch soll in einzelnen Fabriken

Fabrikat No.: *35* Bütte No.: *6*

Datum: des Ansetzens: *11/IV.* des Pressens: *14/IV.*

Hefe		Weinstein		Weins. Kalk	
Bez.	kg	Bez.	kg	Bez.	kg
AOC 510	*986*	*MS 56*	*120*	—	—
ARF 176	*394*				

Chlorcalcium: kg: *130*

Name: *Müller*

Neutralisations-Temp.: *21° C.*

Schwefelsäure 60° Bé.: kg: *300 — 120 — 20 — 10 —*

Zusammen: *450* kg Name: *Kllmr.*

Grade Bé. d. Lauge: *9,5°.*

	No.	Abgestellt			Abgelassen		Bemer-kungen
		Uhr	Tp.	Name	Uhr	Name	
Abwässern:	1	*12^{00}*	*21*	*M*	*4^{00}*	*M*	
	2	*5^{30}*	*19*	*M*	*8^{30}*	*K*	
	3	*10^{00}*	*17*	*K*	*1^{00}*	*K*	
	4	*2^{45}*	*16,5*	*K*	*6^{00}*	*M*	
	5	*8^{00}*	*15*	*M*	*11^{00}*	*M*	
	6	*1^{00}*	*15*	*M*	*3^{00}*	*M*	
	7	*5^{00}*	*14,5*	*M*	*7^{20}*	*K*	
	8	*9^{10}*	*14,5*	*K*	*12^{30}*	*K*	

eine Koncentration der Abwässer in Dampfkesseln oder in Pfannen zur Ausführung gekommen sein. Da die Abwässer verhältnissmässig nur wenig Salz enthalten und da eine Koncentration derselben in Gradirwerken bei der Anwesenheit fäulnissfähiger organischer Substanzen kaum durchführbar ist, wird man es im Allgemeinen vorziehen, die Abwässer fortlaufen zu lassen. Eine Schädigung der Fischerei durch dieselben ist nicht zu befürchten, wenn in dem Wasserlaufe, welcher das Abwasser aufnimmt, eine ausreichende Verdünnung stattfindet. Auf das lästige Schäumen der Abwässer von unter Druck gekochter Hefe wurde schon oben hingewiesen. Bei dem Dekantir- und dem neutralen Verfahren zeigen die Abwässer diese unangenehme Eigenschaft nicht.

Die Heferückstände enthalten in dem Zustande, in welchem sie von den Pressen abgeräumt werden, etwa 50—60 Proc. Wasser. In der trocknen Substanz finden sich bei je nach dem Verfahren wechselnden Mengen von Gyps 2—3 Proc. Stickstoff und etwa $\frac{1}{2}$ Proc. Phosphorsäure vor. Durch ihren hohen Gehalt an organischer Substanz bilden die Heferückstände einen brauchbaren Dünger. Für das etwa nothwendige Trocknen der Rückstände empfehlen sich rotirende Trocken-Apparate, wie sie z. B. von Emil Passburg in Berlin geliefert werden.

Wenn man bei dem Hochdruck-Verfahren mit Salzsäure arbeitet, so erhält man Heferückstände, welche nahezu frei sind von anorganischen Salzen. In der aus verquollenen und zerstörten Hefezellen bestehenden Masse kann naturgemäss mikroskopisch keinerlei Struktur nachgewiesen werden. Derartige Heferückstände bilden deshalb ein sehr brauchbares Verfälschungsmittel für Gewürzpulver etc. und sollen für diesen Zweck bereits wiederholt Verwendung gefunden haben. Das Produkt kann daher der Aufmerksamkeit der Nahrungsmittel-Chemiker empfohlen werden.

Für den in der Weinsäure-Fabrikation als Nebenprodukt gewonnenen Gyps wird sich bisweilen als Einstreu-Mittel für Stalldünger Verwendung finden lassen.

6. Beurtheilung der zur Verarbeitung des Rohmaterials angewandten Verfahren.

Gegenüber dem zuletzt dargelegten neutralen Verfahren wird bei den drei vorher beschriebenen Arbeitsweisen, welche wir unter dem Namen „saure Verfahren" zusammenfassen können, die Weinsäure aus dem Rohmaterial durch Mineralsäuren ausgezogen. Es entsteht hierdurch auf 100 kg Weinsäure-Einsatz ein Mehrverbrauch von 75—90 kg Schwefelsäure (60° Bé.) oder 110—150 kg Salzsäure (20° Bé.), welchem ein Verbrauch von 30 kg Chlorcalcium und ein Mehrverbrauch von etwa 100 kg Steinkohlen bei dem neutralen Verfahren gegenübersteht. Der Mehraufwand an Brennmaterial bei der neutralen Arbeitsweise ist bedingt durch die dünnere Beschaffenheit der zum Eindampfen gelangenden Weinsäure-Rohlauge. Wenn sich hiernach schon der Verbrauch von Hülfsmaterialien bei dem neutralen Verfahren günstiger stellt als bei den sauren Methoden, so ist auch in anderer Hinsicht dem ersteren Verfahren der Vorzug zu geben. Das doppelte Filtriren bei den sauren Arbeitsweisen erfordert einen Mehraufwand von Arbeitskräften. Der Verbrauch an Filtertüchern, der Ersatz von Pressrahmen und Platten, die Reparaturen an Apparaten und Leitungen verursachen, zumal bei dem Hochdruck-Verfahren, nicht unbeträchtliche Kosten, während die Ausgaben hierfür bei dem neutralen Verfahren so gering sind, dass sie bei der Kalkulation vollständig ausser Ansatz zu lassen sind. Der Gestehungs-Preis der Weinsäure für 100 kg fertige Waare ist mithin durch Minderaufwand an Hülfsmaterialien und Spesen bei dem neutralen Verfahren um etwa 3 M. niedriger als bei den sauren Arbeitsmethoden.

Bei dem verhältnissmässig hohen Preise der Weinsäure ist für die Beurtheilung der verschiedenen Arbeitsmethoden der Fabrikations-Verlust an Weinsäure von grösster Bedeutung. Wenn bei unzureichender Erfahrung oder mangelnder Aufmerksamkeit des Betriebsleiters bis zu 25 Proc. vom Weinsäure-Einsatz im Betriebe verloren gehen können, so ist als angemessener mittlerer Fabrikations-Verlust einer Weinsäure-Fabrik 10 Proc. der eingesetzten Weinsäure-Menge anzusehen, so zwar, dass man aus 100 kg der im Rohmaterial eingesetzten Weinsäure eine Ausbeute von 90 kg fertiger Waare erhält. Beim sorgfältigen Arbeiten nach dem neutralen Verfahren ist der Fabrikations-Verlust an Weinsäure niemals höher, ja es gelingt, denselben auf 8—9 Proc. vom Einsatz zu verringern. Ein gleich günstiges Ergebniss ist bei Anwendung der sauren Verfahren kaum zu erreichen, weil durch die Abwässer beträchtliche Verluste an Weinsäure herbeigeführt werden. Es sind hier stets erheblich grössere Mengen an Laugen auf weinsauren Kalk auszufällen, und gerade hierdurch entstehen Verluste, weil es niemals gelingt, die Weinsäure aus den Laugen durch Fällung als Kalksalz völlig zur Abscheidung zu bringen.

Bei den vorstehenden Angaben über die Weinsäure-Ausbeute nach den verschiedenen Verfahren ist absichtlich Bezug genommen auf den durch die Fabrikation entstehenden Gesammt-Verlust an Weinsäure. Man nimmt mit Recht an, dass von diesem Gesammt-Verlust etwa die Hälfte, also im Mittel etwa 5 Proc., bis zur Gewinnung der Weinsäure-Rohlauge entsteht, während die andere Hälfte des Verlustes durch die Behandlung der Laugen während des Krystallisations-Processes und durch die Aufarbeitung der alten Mutterlaugen herbeigeführt wird. Indessen ist es selbst bei der sorgfältigsten analytischen Ueberwachung des Betriebes nicht möglich, den Weinsäure-Verlust bis zur Rohlauge fortdauernd einwandfrei zu bestimmen.

Die Verschiedenheiten der 3 sauren Verfahren unter sich sind weniger wirthschaftlicher als technischer Natur. Das vielfach angewandte Hochdruck-Verfahren ist am wenigsten zu empfehlen. Der Betrieb ist gefahrvoll, wie die wiederholt vorgekommenen Explosionen der Kochkessel beweisen. Ausserdem sind bei den häufig erforderlichen Reparaturen der Apparate Betriebsstörungen unvermeidlich. Unter den sauren Arbeitsweisen gebührt daher dem Dekantir-Verfahren der Vorzug, und zwar empfiehlt sich am meisten die am Schluss der Beschreibung angegebene Arbeitsweise, bei welcher anfangs mit Kalk neutralisirt und erst dann die zum Extrahiren nöthige Schwefelsäure zugesetzt wird.

Das neutrale Verfahren ist von allen entschieden das einfachste, übersichtlichste und beste. Auf dieses werden wir daher bei der späteren Darlegung der Betriebs-Ergebnisse unsere Betrachtung beschränken.

II. Gewinnung der reinen Weinsäure.
(Krystallisation.)

1. Das Eindampfen der Laugen.

Die von den Filterpressen ablaufende Weinsäure-Rohlauge enthält in beträchtlicher Menge Gyps aufgelöst. Der beim Eindampfen der Lauge sich abscheidende Gyps muss daher bei einer Koncentration von 25^0 Bé. von der Lauge getrennt werden. Da beim Eindampfen der dünnen Laugen, auch wenn es langsam erfolgt, eine Zersetzung der Weinsäure nicht zu befürchten ist, sobald man nur dafür sorgt, dass die Temperatur nicht zu hoch steigt, so kann man die Koncentration bis zu einer Stärke von 25^0 Bé. unbedenklich in offenen Pfannen vornehmen. Der Gyps scheidet sich hierbei als feinpulveriger Bodensatz und als Krystallhaut an der Oberfläche ab. Das Entstehen dieser Krystallhaut wird durch eine in den Pfannen angebrachte Rührvorrichtung verhindert. Man erhält auf diese Weise den gesammten Gyps als schlammigen Bodensatz, welchen man nach Bedarf ausräumen und in die mit Schwefelsäure fertiggemachten Hefen- oder Gyps-Bütten eintragen lässt.

Es ist zweckmässig, die Eindampf-Pfannen ziemlich gross herzustellen, weil man sich dadurch unnöthigen Transport von Laugen erspart und weil die Temperatur in grösseren Pfannen leichter konstant zu erhalten ist. Aus 2zölligen Bohlen hergestellte Pfannen von 5 m Länge, 5 m Breite und 50 cm Höhe haben sich gut bewährt. Als Bleifutter für diese Pfannen verwendet man 5 mm starkes Bleiblech, als Heizschlange ein Bleirohr von 40 m Länge und 28 mm innerem, 40 mm äusserem Durchmesser. Die in einigen Fabriken benutzten Pfannen mit doppeltem, durch einen Holzrost getrenntem Bleifutter, bei welchen der Dampf zum Heizen in den Raum zwischen dem doppelten Bleibelag eindringt, kann ich im Gegensatz zu Hölbling nicht empfehlen, weil bei ihnen Undichtigkeiten oder durch den Dampfdruck bewirktes Auftreiben des Bleiblechs leicht zu Lauge-Verlusten führen können. Man ordnet die Pfannen zweckmässig in 2 Reihen an, von welchen die eine so viel höher aufgestellt ist, dass die Bodenfläche dieser Pfannen sich noch etwas über dem Oberrand der anderen Pfannenreihe befindet. Die Lauge läuft dann von den Pressen zunächst in die höhere Reihe und wird von hier am 3. Tage, nachdem sie entsprechend eingedampft ist, in die tiefere Pfannenreihe mittelst Blei- oder Kupferheber abgezogen. Ein Verdünnen von bereits eingedampften Laugen durch mindergrädige sucht man hierbei unter allen Umständen zu vermeiden. Bei der Arbeit nach dem neutralen Verfahren erreicht man es leicht, dass die Lauge in den oberen Pfannen bis auf 15° Bé. (heiss gemessen) eingedampft und in den unteren Pfannen dann auf 25° Bé. (heiss) weiter koncentrirt wird. Man hält in diesem Falle die Temperatur in der oberen Pfannenreihe auf 78—80° C. und in der unteren auf 70—72° C. Eine Zerstörung der Weinsäure durch Temperatur-Einwirkung ist in diesem Falle ausgeschlossen. Für einen regelmässigen Betrieb der Pfannen ist es durchaus nothwendig, dass die Rührvorrichtung fortwährend im Gang erhalten wird. Es bildet sich sonst die erwähnte Gypshaut auf der Oberfläche der Lauge, das Eindampfen geht nicht voran und hierdurch steigt die Temperatur über die zulässige Grenze.

Bei dem neutralen Verfahren richtet man die Pfannen-Anlage so gross ein, dass man auf je 1000 kg Tagesproduktion an Weinsäure 500—600 hl Pfannenraum zur Verfügung hat; bei der Arbeit nach saurem Verfahren benöthigt man nur etwa die Hälfte des obigen Pfannen-Inhalts. Die offenen Pfannen verlegt man in einen von den übrigen Fabrikations-Lokalen durch Mauern mit Cementputz vollständig abgetrennten Raum, damit namentlich im Winter die sonst unvermeidliche arge Belästigung durch Wasserdampf vermieden wird. Das Pfannenlokal selbst ist dann mit einer kräftigen Ventilations-Vorrichtung zu versehen. Wählt man hierzu einen Exhaustor, so ist eine besondere, im Winter in Betrieb zu setzende Heizanlage erforderlich. Einfacher und besser ist es, Ventilation und Heizung gemeinschaftlich dadurch zu bewirken, dass man erwärmte trockne Luft durch ein Gebläse in den Pfannenraum einführt.

Wenn man die Kosten der Anlage nicht scheut, so dampft man am besten auch die dünnen Rohlaugen im Vakuum ein; bei dem neutralen Verfahren ist in diesem Falle ein besonderer Vakuum-Apparat zu beschaffen, während man bei den sauren Verfahren im Allgemeinen mit einem Vakuum für reine und einem für nicht gereinigte Laugen auskommen wird.

Alle über 25° Bé. starke Weinsäure-Laugen sind unbedingt im Vakuum-Apparat einzudampfen, weil sonst erhebliche Weinsäure-Verluste unvermeidlich sind, und überdies eine gleichmässig schön krystallisirte und geruchfreie Waare nicht erzielt werden kann. Das Eindampfen im Vakuum ist ebenso erforderlich für die stärkeren Rohlaugen, wie für sämmtliche Mutterlaugen und die durch Auflösen von braunen Krystallen erhaltenen weissen und reinen Laugen. Man wählt die Vakuum-Apparate zweckmässig von solcher Grösse, dass in ihnen jeweils ein Sud von 1500—1800 l Lauge fertiggestellt werden kann. Der Inhalt des Verdampfkörpers einschliesslich des Steigraumes beträgt dann etwa 30 hl. Es ist selbst für kleinere Fabriken durchaus wünschenswerth, 2 Vakuum-Apparate zur Verfügung zu haben. Abgesehen von der Verdampf-Einrichtung für dünne Rohlaugen genügen 2 Apparate in der angegebenen Grösse für eine Fabrik von 1000 kg Tages-Produktion.

Form und Einrichtung der Vakuum-Apparate für Weinsäure-Fabriken entsprechen den allgemein üblichen. Wie aus der umstehenden Zeichnung ersichtlich, verbindet man den

Hauptverdampfkörper mit einer Vorlage, in welcher etwa überspritzende Lauge sich ansammeln kann. Von der Vorlage führt ein Rohr zum Kondensator und von dort zur Nassluftpumpe. Verdampfkörper und Vorlage, sowie das Verbindungsrohr zwischen beiden sind aus Hartblei herzustellen. Ueber die zweckmässigste Legirung herrschen verschiedene Ansichten. Manche Fabriken verwenden ein Hartblei mit einem Antimon-Gehalt bis zu 30 Proc. Wenn mir auch Nachtheile nicht bekannt geworden sind, welche durch den hohen Antimon-Gehalt herbeigeführt sind, so ist doch andererseits eine Legirung mit

Fig. 4.

nur 2 Proc. Antimon von vollkommen genügender Festigkeit. Bei Verwendung solchen Materials giebt man den Apparaten von nebenstehender Form bei einem lichten Durchmesser von $1\frac{1}{2}$ m eine Wandstärke von 40 mm. Hinsichtlich der Armaturen des Vakuum-Apparats ist das Folgende zu bemerken. Man vermeidet jede Verschraubung im Innern und befestigt alle Ausrüstungsgegenstände durch Verschraubung an den angegossenen Flantschen des Apparats. Zur Verwendung als Heizschlange dient sog. homogen verbleites Kupferrohr, wie es von Velthuysen & Co. in Frankenthal geliefert wird. Gewöhnliches Blei- oder Hartbleirohr ist nicht empfehlenswerth, weil die Schlangen leicht schadhaft werden und damit zu häufigen Betriebsstörungen Veranlassung geben. Vor dem Dampfzutritt der Heizschlange schaltet man ein Reducir-Ventil ein, welches nur Dampf von 2 Atm. Spannung hindurchlässt. Der Heizschlange giebt man bei Apparaten von der angegebenen Grösse eine Länge von 40 m und eine lichte Weite von 35 mm. Zum Füllen und Ablassen ist an der tiefsten Stelle des Vakuum-Hauptkörpers ein 2zölliger Rothgusshahn angebracht. Derselbe trägt am unteren Ende ein kurzes Rohrstück zur Verbindung mit einem Saugschlauch. Ausser den genannten Armaturstücken befinden sich am Hauptkörper noch 1 Mannloch, 1 Vakuummeter, ferner 3 mit Fenstern aus nicht springendem Glas versehene Schaulöcher, deren Lage aus der Zeichnung zu entnehmen ist, 1 Luftzutritts-Ventil L und ein Probirhahn P. Letzterer dient zum Entnehmen einer Laugenprobe während des Eindampfens. Man giebt demselben folgende Form: An dem Hauptkörper ist ein halbzölliges mit beiderseitigen Flantschen versehenes Rothgussventil angeschraubt; die äussere Flantsche ist mit einem Ueberzug von Gummidichtungsplatte versehen. Das Gefäss zum Entnehmen der Probe besteht aus einem Kupfercylinder mit umgebördeltem Rande. Beim Füllen wird dies Gefäss gegen die Flantsche des Probehahns gedrückt und das Ventil geöffnet. Sobald man nach dem Füllen des Kupfercylinders denselben entfernt, treibt die einströmende Luft die im Rohr befindliche Lauge in das Vakuum zurück. Das Probirventil wird alsdann wieder geschlossen. Die einfache Vorrichtung erfüllt ihren Zweck besser als die komplicirten, sonst zur Probenahme verwandten Apparate. Das Luftzutritts-Ventil L dient dazu, um bei etwaigem Schäumen der Laugen kleine Mengen von Luft in den Apparat einlassen zu können. Dies lästige Schäumen tritt vorzugsweise bei Mutterlaugen dann auf, wenn dieselben bis nahe zur Siedetemperatur erhitzt sind. Sobald der Schaum bis zu dem oben im Apparat angebrachten kleinen Fenster gestiegen ist, öffnet man das Lüftungs-Ventil. Der Schaum sinkt dann verhältnissmässig schnell. Die gleiche Operation muss in sorgfältigster Weise so oft wiederholt werden, bis endlich ein ruhiges Sieden der Lauge eingetreten ist.

Die Bleivorlage erhält ein Schauloch und einen Rothguss-Ablasshahn. Weitere Armaturstücke an dem Vakuum-Apparat sind nicht erforderlich. Für jede Vakuum-Anlage von der mehrfach angeführten Grösse wählt man eine Nassluftpumpe von ungefähr 300 mm Durchmesser des Luftcylinders, 400 mm Hub und 60 Touren in der Minute.

Bisweilen ist es nothwendig, das Vakuum-Innere gründlich zu reinigen. Hierzu ist zunächst ein schnelles Abkühlen des Apparats erforderlich. Man bringt zu diesem Zwecke eine kleine Menge Waschwasser in den Apparat und lässt sodann bei wenig geöffnetem Ablasshahn und geschlossenem Ventil der Heizschlange die Luftpumpe einige Zeit laufen. Das im luft-verdünnten Raume unter Einwirkung des Luftstroms schnell verdampfende Wasser bewirkt in längstens $\frac{1}{2}$ Stunde eine hin-reichende Abkühlung des Apparats, sodass derselbe von einem Manne befahren und gereinigt werden kann. Sobald dies ge-schehen ist, schliesst man wieder den Mannlochdeckel und wäscht mit kleinen Wassermengen das Vakuum so oft aus, bis das Waschwasser vollkommen klar und farblos abläuft. Ein dreimaliges Auswaschen wird meistens genügen. Die Wasch-wässer sammelt man in 2 zu diesem Zweck aufgestellten Bütten oder Kästen, um dieselben nochmals zum Auswaschen des Vakuums zu verwenden oder, wenn sie eine Koncentration von 6—8° Bé. erreicht haben, in den Eindampfpfannen mit den dünnen Rohlaugen zu vereinigen.

2. Das Krystallisiren.

Die in dem Vakuum-Apparat zur Krystallisationsstärke eingedampften Laugen lässt man am besten zunächst in zweck-entsprechend angebrachte, ausgebleite, unten mit verschiedenen Ablaufstutzen nebst Gummiverschluss versehene Holzrinnen von solchen Dimensionen laufen, dass dieselben etwa den halben Vakuuminhalt zu fassen vermögen. Das Ablassen in die Krystallisirgefässe kann dann ohne Ueberlaufen von Lauge und ohne andere Störungen vorgenommen werden. Aus den Ablaufstutzen der Bleirinne läuft die Lauge direkt durch leicht zu handhabende Kupferrinnen in die Krystallisir-Kästen. Man hält diese oben offenen Kupferrinnen in verschiedenen Längen vorräthig; der Querschnitt ist halbrund von etwa 20 cm oberem Durchmesser und 10 cm Tiefe; gefertigt werden die Rinnen aus 2—3 mm starkem Kupferblech; die beiden Längsränder sind durch eingehämmerten Stahldraht versteift und, um der Rinne Halt zu geben, durch etwa 1 m von einander entfernte Querbänder aus Kupferblech verbunden. Die Weinsäure-Laugen nehmen nennenswerthe Mengen von Kupfer aus diesen Rinnen nicht auf, da sie stets nur kurze Zeit mit denselben in Berührung kommen.

Als Krystallisirgefässe verwendet man ausgebleite Holzkästen oder Bütten, denen man selbstverständlich beliebige Abmessungen geben kann. Für die unreinen Laugen halte ich Bütten von $1^{1}/_{2}$ m Durchmesser und 0,8 m Höhe, für reine Laugen Kästen von 1 m Breite und Länge und 0,6 m Höhe für zweckmässig. Man stellt die Holzkästen aus 2zölligen Bohlen her und verwendet zum Ausbleien mindestens 5 mm starkes Bleiblech. Diese Krystallisirgefässe haben den leider unvermeidlichen Fehler, dass sie beim Aushauen der Krystalle leicht kleine undichte Stellen erhalten, welche schwer zu finden sind und durch welche später die eingefüllte Weinsäure-Lauge ausrinnt. Wenn die Leckstellen auch meistens bald zukrystallisiren, so verursachen sie doch viel Aerger und gelegentlich empfindliche Verluste. Am einfachsten ist es, den Fussboden des ganzen Krystallisirbaues aus Asphalt herzustellen und demselben stetiges Gefälle nach einer Sammelgrube zu geben, um so sicher alle ausgelaufene und verspritzte Weinsäure-Lauge wieder zu gewinnen. Ausserdem wird jeder entleerte Krystallisir-Kasten auf etwaige Undichtigkeiten genau untersucht. Die Verwendung der in einigen Fabriken benutzten kupfernen Krystallisir-Kästen kann ich nicht empfehlen, da die Laugen aus ihnen Kupfer aufnehmen; in Gefässen aus Hartbleiguss ist Form und Bildung der Krystalle mangelhaft.

Das Aushauen der Krystalle aus den Kästen muss mit grösster Vorsicht erfolgen. Auch dürfen die Krystalle nicht in den Kästen selbst zerklopft werden, weil dadurch eine Dehnung und schnelle Abnutzung des Bleifutters hervorgerufen wird. Man beschafft deshalb einige aus 10 mm starkem Bleiblech oder aus starkem Kupferblech hergestellte Klopfkästen. Maschinelle Krystallbrecher sind im Allgemeinen nicht zu empfehlen, da sie die Krystall-Individuen vielfach zertrümmern und hierdurch die fertige Waare unansehnlicher machen.

Die grossen, für unreine Laugen bestimmten Krystallisir-Bütten oder Kästen versieht man mit hölzernen, verbleiten Rührwerken, um durch die maschinelle Bewegung eine schnelle Abkühlung der Lauge und damit eine baldige Gewinnung der Krystalle herbeiführen zu können. Indessen stellt man das Rührwerk $\frac{1}{2}$—1 Tag vor dem Entleeren des Gefässes und Beendigung der Krystallisation ab, damit die letzten Mengen nicht zu feinkörnig und somit in einer für das Centrifugiren ungünstigen Form ausfallen. Bei welchen Laugen die Krystallisation in dieser Weise „gestört" wird, ist später zu erörtern. In die mit reiner Lauge gefüllten Kästen, aus welchen fertige „spiessige" Krystalle gewonnen werden sollen, pflegt man etwa 20 cm über dem Boden endigende Bleistreifen einzuhängen, an welchen die Krystalle in zusammenhängender Druse anhaften. Um in solchen Kästen Deckenkrystalle von besonderer Schönheit zu erzielen und auch sonst die Krystallisation zu verbessern, kann man nach dem Einfüllen der Lauge auf diese vorsichtig mit einem Gummischlauch aus einem Eimer eine $1\frac{1}{2}$—2 cm hohe Wasserschicht laufen lassen.

Es ist erforderlich, für je 1000 kg Tages-Produktion an Weinsäure etwa 40 cbm Raum in Krystallisir-Gefässen unreiner Laugen und 20 cbm Raum in Kästen reiner Lauge zur Verfügung zu haben. Ausserdem sind für das gleiche Produktions-Quantum noch eine Reihe von Kästen nöthig, welche mit 2 bis 3 mm Bleiblech ausgekleidet einen Gesammt-Rauminhalt von etwa 40 cbm besitzen. Diese Kästen, deren Grösse man so wählt, dass jeder ungefähr 4 cbm fasst, dienen zum Aufbewahren und Sammeln von Mutterlaugen und von entfärbten und filtrirten Laugen. Ausser der unten zu beschreibenden Einrichtung für Entfärbung benöthigt man sodann in dem Krystallisirbau für das obige Produktions-Quantum noch 4 Centrifugen, welche so eingerichtet sind, dass die Weinsäure in denselben nur mit Kupfer oder Blei in Berührung kommen kann und welche einen Trommel-Durchmesser von 80—100 cm besitzen. In diesen Centrifugen werden die von Lauge durch Abtropfen einigermaassen befreiten und durch Klopfen zerkleinerten Krystalle ausgeschleudert und gewaschen. Letzteres soll in derWeise geschehen, dass man dreimal in Pausen von je 20 Sekunden einen feinen Strahl Wasser unter Auf- und Abbewegen 5 Sekunden lang in die Trommel leitet.

3. Das Entfärben.

Zur Entfärbung gelangen Laugen, welche durch Auflösen von braunen oder noch nicht hinreichend reinen Krystallen gewonnen sind, und Mutterlaugen, welche nach dem Auskrystallisiren bereits entfärbter Laugen zurückgeblieben sind. Wir unterscheiden „weisse" und „reine" Laugen. Als weisse Laugen werden diejenigen bezeichnet, deren nach dem Eindampfen gewonnenen Krystalle zur Gewinnung von marktfähiger Waare nochmals umkrystallisirt werden müssen. Reine Laugen heissen solche, welche zum Versand fertige Weinsäure-Krystalle liefern. Für diese beiden Arten von Lauge muss man in einer Fabrik von 1000 kg Weinsäure-Tagesproduktion, wie sie schon oben mehrfach als Beispiel gewählt wurde, zwei von einander getrennte, unter sich gleiche Entfärbungs-Einrichtungen besitzen. Jede derselben besteht aus 2 mit Rührwerk und Dampfzuleitungsrohr versehenen ausgebleiten Bütten von etwa 4000 l Inhalt, einem ausgebleiten eisernen Druckfass und einer nicht zu kleinen Filterpresse. Ausserdem ist noch eine kleinere mit Rührwerk versehene Bütte zum Presstücher-Waschen für jede Entfärbungs-Einrichtung erforderlich. Man ordnet diese Apparate so an, dass die aus der Presse zunächst ablaufende trübe

Lauge ebenso wie das Waschwasser aus der Tücher-Waschbütte in die Entfärbungsbottiche zurücklaufen, und dass aus diesen die Lauge mittelst Ablaufrohrstutzen oder Heber in den Presscylinder abgelassen werden kann. Die klar filtrirte Lauge läuft in die bereits oben erwähnten Lauge-Sammelkästen. Die Filterpressen wählt man nicht kleiner als die Hefepressen. Es sind zwar nur geringe Mengen fester Substanzen abzufiltriren, aber die Filtration geht oft nur langsam von statten, und man kann deshalb bei zu kleiner Filtrations-Einrichtung leicht im ganzen Betriebe aufgehalten werden. Mit einer Filterpresse von 26 Kammern in der beim neutralen Verfahren angegebenen Grösse lassen sich im Tage 3000—4000 l Lauge leicht und gut filtriren. Als Presstücher verwendet man Kameelhaartücher. Dieselben bewähren sich gut und halten ziemlich lange, sobald man dafür sorgt, dass sie baldmöglichst nach jeder Filtration gründlich wieder ausgewaschen werden. Das Waschwasser der Tücher benutzt man zum Auflösen von Krystallen bei Fertigstellung der gleichartigen Laugen.

Da die zur Filtration kommenden entfärbten reinen Laugen so eingestellt sein sollen, dass sie bei einer Temperatur von etwa 70^0 ein specifisches Gewicht von $30—33^0$ Bé. besitzen, giebt man den reinen Laugen anfangs zweckmässig eine etwas grössere Koncentration. Die zur Entfärbung dienende Kohle wird mithin in ausreichender Menge in die auf 80^0 C. erwärmte Lauge von $34—35^0$ Bé. eingetragen. Geschieht das Aufheizen der Laugen durch direkt eingeführten Dampf, so lässt man, bevor der Dampf in die Lauge einströmt, durch ein hierzu angebrachtes Ventil aus der Dampfleitung das eisenhaltige Kondenswasser austreten, damit eine Verunreinigung der Laugen durch Eisen vermieden wird. Zur Entfärbung einer mit 3000 l Lauge gefüllten Bütte werden im Allgemeinen 20 kg feuchten, mit Salzsäure extrahirten Spodiums ausreichend sein. Einige Angaben über die Bereitung dieser Entfärbungskohle werden weiter unten gegeben. Man lässt das Rührwerk der mit Spodium versetzten Bütte etwa 12 Stunden (über Nacht) laufen, überzeugt sich durch eine abfiltrirte Probe, ob noch

weitere Mengen Knochenkohle zugefügt werden müssen, und
lässt, sobald dies nicht mehr erforderlich ist, in dünnem Strahle
eine Lösung von 2 kg Ferrocyancalcium in etwa 12 l Wasser
zulaufen. Durch diesen Zusatz von Blutlaugensalz wird ein
Theil des stets in den Betriebslaugen vorhandenen Eisens ausgefällt, und überdies werden durch den entstehenden Niederschlag
von Berlinerblau die noch in der Lauge vorhandenen braunen
Farbstoffe mit niedergerissen. Das in dem Salz enthaltene
Calcium wird durch die stets in Spuren vorhandene Schwefelsäure als Gyps ausgefällt. Man kann deshalb nur das Calcium-
Blutlaugensalz, nicht aber das Kalium- oder Natriumsalz ge-
brauchen, bei welchen eine verhängnissvolle Verunreinigung
der Laugen durch schwefelsaures Alkali eintreten würde. Die
Entfärbung der Lauge wird durch den Blutlaugensalz-Zusatz
ganz wesentlich verbessert. Wenn daher diese Zugabe von
Ferrocyancalcium als Entfärbungsmittel sehr empfohlen werden
kann, so muss andererseits darauf hingewiesen werden, dass
hierbei die folgenden Vorsichtsmaassregeln sorgfältig zu beob-
achten sind. Der Blutlaugensalz-Zusatz darf auf 3000 l Lauge
im Allgemeinen nicht mehr als 2 kg, keinesfalls über 4 kg betragen. Die Temperatur der Lauge bei Zugabe des Ferrocyan-
calciums darf 70° C. nicht übersteigen, damit aus dem Niederschlage durch die Weinsäure keine Blausäure freigemacht
wird. Unter den angegebenen Verhältnissen habe ich Be-
lästigungen durch Blausäure-Dämpfe niemals beobachtet; gleich-
wohl empfiehlt es sich, die Bütten mit Deckel und Dunstabzugsrohr zu versehen, durch welches auch die entweichenden
Wasserdämpfe abgeführt werden.

Sobald das Blutlaugensalz zugesetzt ist, überzeugt man sich an
einer abfiltrirten Probe der Lauge nochmals, dass die Entfärbung
genügend ist, und prüft, ob die Lösung nicht etwa einen Ueberschuss von Blutlaugensalz enthält, welcher später eine Blaufärbung der Weinsäure herbeiführen würde. Die abfiltrirte Laugenprobe muss mit Blutlaugensalz-Lösung noch einen Niederschlag
oder eine deutliche Blaufärbung geben, während andererseits
durch Eisenchlorid keine Blau- oder Grünfärbung eintreten darf.

Die so zum Filtriren fertiggestellte reine Lauge wird in den Presscylinder abgelassen und durch die Filterpresse filtrirt. Die anfangs trüb laufende Lauge gelangt in den Entfärbungsbottich zurück, die klar filtrirte Lauge wird in einem ausgebleiten Kasten gesammelt, um von hier aus in den Vakuum-Apparat eingesaugt zu werden.

Zur Entfärbung der weissen Laugen dienen, wie oben vorgesehen, 2 andere Entfärbungsbütten von den gleichen Abmessungen wie die Bottiche für reine Laugen. Als Entfärbungsmittel verwendet man hier ausschliesslich das mit Berlinerblau gemischte Spodium aus den Entfärbungsbütten der reinen Laugen. Die weissen Laugen, welche zur Entfärbung und nachfolgenden Filtration auf 60° C. und 25° Bé gebracht werden, lässt man mit der Entfärbungsmasse ebenfalls 12 Stunden rühren. Das von den weissen Laugen abfiltrirte Spodium wird in eine pressfertige Hefen-Ansetzbütte, oder bei den sauren Verfahren in eine Gypsbütte eingetragen.

Es ist besonders wichtig, für die Entfärbung der Weinsäure-Laugen eine brauchbare Entfärbungskohle zur Verfügung zu haben. Die im Handel vorkommenden „chemisch reinen" Entfärbungs-Kohlen (Blutkohle, Pflanzen-Kohle, neue Knochen-Kohle u. s. w.) sind theilweise gut verwendbar, indessen stellt sich ihr Verbrauch meistens theurer als die Benutzung von mit Salzsäure in der Fabrik ausgezogener Knochenkohlen. Zur Gewinnung derselben werden in einer etwa 4000 l fassenden Bütte 800 kg zu feinem Gries vermahlene gute Knochenkohle mit Wasser durch ein maschinell bewegtes Rührwerk angerührt, mit 1200 kg roher Salzsäure vorsichtig versetzt und, nachdem die Bütte zu $^{3}/_{4}$ mit Wasser angefüllt ist, zum Sieden erhitzt und etwa eine Stunde lang im Kochen erhalten. Eine aus der Bütte entnommene Probe des Spodiums darf nach dem völligen Auswaschen der Säure, mit verdünnter reiner Salzsäure gekocht, an diese keine durch Ammoniak und oxalsaures Ammonium fällbare Substanzen mehr abgeben. Nöthigenfalls müssen zu der Bütte noch 100—200 kg rohe Salzsäure zugefügt und das Kochen einige Zeit fortgesetzt werden.

Durch wiederholtes Dekantiren mit Wasser, bis dieses gegen Lakmuspapier keine saure Reaktion mehr zeigt, wird das Spodium in der Bütte ausgewaschen und sodann auf ein Sackfilter gebracht. Nach dem Ablaufen des Wassers sind die Kohlen fertig zum Gebrauch. Die Entfärbungskraft des Spodiums pflegt im Allgemeinen um so grösser zu sein, je feiner es gemahlen wurde. Doch ist ein allzufeines Mahlen zu vermeiden, weil dadurch die Filtration der entfärbten Weinsäure-Laugen sehr erschwert wird.

Es ist vielfach üblich, in den Entfärbungsbütten zur Reinigung der Weinsäure-Laugen noch andere Operationen, wie Einleiten von Schwefelwasserstoff oder Zusatz von Schwefelcalcium vorzunehmen; auch werden gelegentlich kleine Mengen kohlensauren Baryums zur Beseitigung der letzten Spuren von Schwefelsäure zugesetzt. Nach meinen Erfahrungen kann die Anwendung dieser Chemikalien zur Reinigung der Säure nur unter besonderen später zu erörternden Verhältnissen empfohlen werden.

Wohl in allen Weinsäure-Fabriken sind zahlreiche Versuche angestellt, schon die Rohlauge soweit zu entfärben, dass sie direkt verkäufliche Krystalle liefert. Von Schmitz & Toenges ist zur Gewinnung eines farblosen weinsauren Kalks die Verwendung von unterchlorigsauren Salzen vorgeschlagen, deren Benutzung schon wegen der möglichen chemischen Einwirkung auf Weinsäure bedenklich ist. Bei den hohen Anforderungen, welche hinsichtlich der Qualität auch an technische Weinsäure gestellt werden, sind die Versuche zur Gewinnung marktfähiger Krystalle direkt aus Rohlauge aussichtslos. Man leistet daher zweckmässig auf die nur schwer durchführbare Entfärbung der Rohlauge überhaupt Verzicht.

4. Die Behandlung der Laugen.

Um den Weinsäure-Betrieb ohne Störungen zu führen und um eine gleichmässig schöne Waare zu erzielen, muss die Krystallisation genau nach einem festen Plane geleitet und jedes Vermischen ungleichartiger Laugen sorgfältig vermieden werden. Die erwähnten Laugen-Sammelkästen ermöglichen es, dass die verschiedenartigen Laugen bis zu ihrer weiteren Verarbeitung für sich aufbewahrt werden können.

Die in der folgenden Uebersicht dargestellte Behandlung der Laugen hat sich während mehrerer Jahre im Betriebe bewährt.

Rohlauge,

eingedampft auf 43—44⁰ Bé. heiss, krystallisirt unter Rühren; Standzeit 3—4 Tage.

| Roh-Krystalle,
aufgelöst und entfärbt zu reiner
Lauge I (spiessige Krystalle). | Mutterlauge
von Roh-Krystallen. |

| Mutterlauge von Roh-Krystallen | Mutterlauge von weissen
Krystallen I |

Schwarze Lauge I.

eingedampft auf 46⁰ Bé. heiss, krystallisirt unter Rühren, Standzeit 3—4 Tage.

| Schwarze Krystalle I,
aufgelöst zu weisser Lauge I,
oder, falls besonders gutes Material vorliegt, zu reiner Lauge II
(spiessige Krystalle). | Schwarze Lauge II,
eingedampft auf 48⁰ Bé. heiss,
krystallisirt ohne Rühren; Standzeit 6—8 Tage. |

| Schwarze Krystalle II,
aufgelöst zu weisser Lauge I. | Schwarze Lauge III,
eingedampft, wenn möglich bis auf 50⁰ Bé. heiss, krystallisirt ohne Rühren; Standzeit 10 bis 14 Tage. |

| Schwarze Krystalle III,
aufgelöst zu weisser Lauge I. | Alte Lauge,
umgearbeitet auf weinsauren Kalk. |

Schwarze Krystalle I, II u. III,
aufgelöst und entfärbt.

Mutterlauge von
reinen Krystallen II

Weisse Lauge I,
eingedampft auf 44° Bé. heiss, krystallisirt unter Rühren; Standzeit
3—4 Tage.

Weisse Krystalle I,
aufgelöst und auf Schalensäure
oder auf spiessige Säure (reine
Lauge I) verarbeitet.

Mutterlauge von weissen Krystallen I, mit der Mutterlauge von
Roh-Krystallen vereinigt oder
auch nochmals für sich eingedampft als weisse Lauge II.

———

Weisse Krystalle I (und II),
aufgelöst und entfärbt.

Roh-Krystalle,
aufgelöst und entfärbt.

Reine Lauge I (für spiessige Säure),
nach Beendigung des Eindampfens im Vakuum-Apparat aufgeheizt,
im Sommer auf 90° C.; im Winter auf 100° C.; in die Kästen abgelassen mit 40° Bé. heiss, Standzeit 5—7 Tage.

Reine spiessige Krystalle

Mutterlauge von
reinen Krystallen I.

———

Mutterlauge von
Schalensäure

Mutterlauge von
reinen Krystallen I

Schwarze Krystalle I
(falls gut)

Reine Lauge II,
behandelt wie reine Lauge I.

Reine spiessige Krystalle

Weisse Lauge I

———

Weisse Krystalle I

Durchgesiebtes von spiessigen
Krystallen

Reine Schalen-Lauge I,
behandelt wie unten beschrieben

Schalensäure

Reine Schalen-Lauge II

Schalensäure

Reine Lauge II
(für spiessige Säure).

———

Die in obiger Weise zur Krystallisation eingedampfte Rohlauge soll 60—90 g H_2SO_4 im Liter enthalten. Der mittlere Weinsäure-Gehalt beträgt:

In der Rohlauge   etwa   960 g Weinsäure p. l.
-    -   schwarzen Lauge I   -   850 -   -   - -
-    -   -   -   II   -   620 -   -   - -
-    -   -   -   III -   550 -   -   - -
-    -   weissen Lauge   I   -   1000 -   -   - -
-   den reinen Laugen I u. II -   1020 -   -   - -

Um stets eine gute Uebersicht über den Laugenbetrieb zu haben, wird an jedem Krystallisir-Kasten eine Tafel mit Bezeichnung der Lauge und Datum des Einfüllens angebracht, und ausserdem werden im Betriebe grosse Tafeln ausgehängt, auf welchen für jeden einzelnen Kasten die folgenden Angaben vermerkt werden: Datum des Einfüllens und Entleerens, Ordnungsnummer des Kastens, Art der Lauge, Anzahl der in den Kasten eingefüllten Liter von Lauge (berechnet aus der Höhe der eingefüllten Lauge in cm) und Menge der aus dem Kasten gewonnenen Krystalle in kg. Nach dem Entleeren der Kästen, Schleudern und Wägen der Krystalle werden die Aufzeichnungen von den Tafeln in die Fabrikations-Bücher eingetragen, und es können die Angaben auf den Tafeln alsdann gelöscht werden.

Besondere Sorgfalt ist bei dem Eindampfen der schwarzen Laugen II und III im Vakuum erforderlich, die Temperatur der Laugen darf 80° C. unbedingt nicht übersteigen. Ist selbst bei ausreichender (87—90 Proc.) Luftverdünnung im Vakuum-Apparat eine weitere Koncentration nicht zu erzielen, so muss die Lauge abgelassen werden, auch wenn die angestrebte Gradirung noch nicht erreicht sein sollte. Wie in der obigen Uebersicht bemerkt, müssen bei diesen Laugen die Krystallisir-Kästen längere Zeit stehen, da die Krystallisation nur langsam stattfindet.

Wenn die von den Krystallen abgezogenen Mutterlaugen einige Zeit in den Sammelkästen stehen, bevor sie weiter verarbeitet werden, so pflegt sich noch ein feiner schlammiger Krystall-Brei abzusetzen. Da dieser Schlamm namentlich durch

Ferrotartrat stark verunreinigt ist, so empfiehlt es sich, denselben nicht ohne Weiteres zu centrifugiren, sondern ihn in heissem Wasser zu lösen und nochmals mit den betreffenden Laugen zusammen einzudampfen.

Es ist für den ganzen Weinsäure-Betrieb äusserst wichtig, dass durch sorgfältiges Arbeiten die Laugen rein gehalten und vor unnöthiger Erhitzung bewahrt werden. Geschieht dies nicht, kommen Alkalisalze in die Lauge, z. B. durch ungenügendes Auswaschen des weinsauren Kalks, oder findet eine Anreicherung von Thonerde, Eisen und Phosphorsäure dadurch statt, dass die verschiedenen Laugen nicht sorgfältig getrennt gehalten werden, so tritt die in Weinsäure-Fabriken gefürchtete „schlechte Krystallisation" der reinen Laugen ein. Die Krystalle zeigen dann nicht mehr die charakteristische Säulenform, sondern bilden dünne über einander gelagerte Blätter. Bei sehr schlechtem Rohmaterial und niedriger Temperatur des Standorts der Krystallisir-Kästen kann sich fehlerhafte Krystallisation selbst in einem gut geleiteten Betriebe gelegentlich zeigen.

Zur Bekämpfung des Uebels ist empfohlen, in den Entfärbungsbütten auf je 3000 l Lauge 10—20 kg Schwefelsäure von 60° Bé. zuzusetzen. Wenn auch zugegeben werden muss, dass dieser Säurezusatz die Krystallisation günstig beeinflusst, so soll man denselben doch nur ganz ausnahmsweise vornehmen, da unzweifelhaft Weinsäure-Verluste durch die Schwefelsäure herbeigeführt werden und überdies die fertigen Krystalle schwefelsäurehaltig werden. Sobald die geringsten Spuren einer fehlerhaften Krystallisation sich zeigen, müssen die Ursachen aufgeklärt und abgestellt werden.

Hinsichtlich der bei normalem Betriebe in den Weinsäure-Laugen vorkommenden Verunreinigungen ist zu bemerken, dass es hauptsächlich, wie bereits mehrfach erwähnt, Thonerde, Phosphorsäure und Eisen sind, welche zur Bildung der nicht mehr krystallisirenden Mutterlaugen führen. Ferrotartrat scheidet sich häufig als gelblich gefärbtes Pulver oder auch in kleinen spitzigen Krystallen aus den Laugen ab und bildet zuweilen in Mischung mit Thonerde-Salzen einen schlammartig klebrigen Ueberzug auf den schwarzen Krystallen. An den Wänden von Kästen, welche mit alter Lauge gefüllt sind, finden sich oft schön ausgebildete Alaunkrystalle. Die früher bei dem Eindampfen der Laugen über freiem Feuer durch die Fabrikation entstandenen und gefürchteten Modifikationen der Wein-säure, Traubensäure und inaktive oder Meso - Weinsäure, werden, wie schon Jungfleisch angiebt und Warington bestätigt, in den mit Vakuum arbeitenden neueren Betrieben nicht mehr beobachtet, wenn ihre gelegentliche Entstehung auch kaum zu bezweifeln ist. Wohl aber lässt sich nachweisen, wie auch Warington anführt, dass in den Weinsäure-Laugen in geringem Grade eine Bildung von Weinsäure-Anhydriden eintritt, welche indessen beim Verdünnen der Laugen verhältnissmässig leicht wieder in gewöhnliche Rechts-Weinsäure zurückverwandelt werden. Die von M. Bollo durch Einwirkung von Ferrosalzen auf Weinsäure erhaltenen Verbindungen, welche als Reduktions-produkte aufgefasst wurden, bestanden wahrscheinlich ebenfalls aus derartigen Anhydriden der Weinsäure.

5. Die Darstellung der Handelswaare.

Die aus den Krystallisir-Kästen mit Hammer und Meissel vorsichtig ausgeklopften reinen spiessigen Krystalle werden in der Centrifuge geschleudert, gewaschen und sodann auf Horden in dünner Schicht bei einer Temperatur von etwa 30° C. ge-trocknet. Die kleineren Krystalle, welche häufig noch geringe Mengen von Blei und Gyps enthalten, werden durchgesiebt und entweder als technische Säure gemahlen oder nochmals aufgelöst und auf reine Waare umgearbeitet. Die abgesiebten grossen Krystalle werden je nach ihrem Reinheitsgrad als 1. oder 2. Sorte technischer Säure in den Handel gebracht. Für die Herstellung gemahlener Säure, welche gelegentlich in allen Qualitäten verlangt wird, bedient man sich nach Hölbling mit Vortheil eines Desintegrators oder einer Porzellan-Walzenmühle. Gut verwendbar ist nach meiner Erfahrung für das Mahlen von

Weinsäure die Porzellan-Kugelmühle, bei welcher das Mahlen indessen langsam vorgenommen werden muss, damit sich die Weinsäure nicht zusammenballt.

Während die weitaus grösste Menge der Weinsäure im Handel als sogenannte spiessige Säure in den charakteristischen monosymmetrischen Krystallen verlangt wird, bevorzugt man für Genusszwecke eine in Thon-Schalen krystallisirte Säure, welche in Form dünner, aus kleinen Krystallen zusammengesetzten Krusten zum Verkauf gelangt. Diese Schalensäure kann nur aus gutem, bereits entfärbtem Material gewonnen werden; man verarbeitet daher nur die kleinen durchgesiebten Krystalle der spiessigen Säure und gute weisse Krystalle. Selbst gute Rohkrystalle sind nicht verwendbar, weil die aus denselben gewonnene Lauge sich nicht hinreichend leicht filtriren lässt. Man löst die als Ausgangsmaterial dienenden Krystalle in einer ausgebleiten Bütte oder Pfanne, welche mit Heiz-Dampfschlange, nicht mit offenem Dampfzuleitungsrohr versehen ist, zu einer Lösung von 95—100° C. und 34—35° Bé., entfärbt mit wenig Spodium und filtrirt die Lösung durch einen baumwollenen Filtersack, welcher in einem thönernen Filterkasten aufgehängt ist, in die Thon-Krystallisir-Schalen. Letztere haben zweckmässig einen lichten Durchmesser von etwa 45 cm und eine lichte Höhe von etwa 15 cm. Die Schalen müssen besonders im Winter vor dem Füllen gut vorgewärmt sein. Es geschieht dies mit dem Kondenswasser der Heizschlange. Das so entstehende weinsäurehaltige Waschwasser wird zum Auflösen der Krystalle für spiessige Säure verwandt. Besonders bei mangelhaft filtrirender Lauge muss darauf geachtet werden, dass die Lauge während der Filtration nicht durch Eindampfen stärker wird, damit die Krystallkrusten in den Schalen nicht zu dick werden. Die gefüllten Schalen werden zur Krystallisation 2 Tage (= 2mal 24 Stunden) an einen ruhigen Ort gestellt, welcher, wie namentlich im Winter zu beachten ist, mässig warm gehalten und vor Zugluft geschützt werden muss. Nach beendeter Krystallisation giesst man die Mutterlauge, welche noch einmal zur Gewinnung von Schalensäure verwandt werden kann, ab, lässt die Schalen 4—5 Stunden abtropfen und stemmt die Krystallkrusten alsdann mit Hülfe eines Knochenmeissels und Holzhammers aus. Die Krusten wurden zu handgrossen Stücken zerschlagen und zunächst 1 Tag lang in einer Trockenkammer bei etwa 35° C., sodann noch einige Tage bei gewöhnlicher Temperatur getrocknet. Sorgfältiges Trocknen ist besonders im Sommer wichtig, da man sonst leicht brüchige Krusten erhält. Ebenso bekommt man fehlerhafte Schalensäure, wenn man die entfärbten Laugen bei schwächerer Gradirung filtrirt, erst hierauf zur Krystallisations-Dicke eindampft und dann ohne weitere Entfärbung und Filtration in die Schalen abzieht.

Die Schalensäure entspricht ebenso wie die grosskrystallisirte spiessige Säure im Allgemeinen hinsichtlich der Reinheit weitgehenden Ansprüchen. Will man vollkommen chemisch reine Weinsäure in kleinen Krystallen herstellen, wie sie für den Gebrauch in Laboratorien verlangt wird, so löst man gute, technisch reine Säure in Thonkesseln, die in einem Wasserbade erwärmt werden, mit demselben Gewicht Wasser zu einer Lauge von 34° Bé. (heiss) auf und zieht ohne weitere Entfärbung und Filtration die Lösung in etwas grössere Thonschalen, als man für Schalensäure verwendet, zur Krystallisation ab. Die Schalen werden in mit Stroh ausgefütterte kleine Bütten gesetzt, mit Holzdeckeln bedeckt und bei einer Temperatur von 20—25° C. 5 Tage der Krystallisation überlassen. Alsdann wird die Mutterlauge abgegossen, die Krystalle ausgehauen, zerkleinert, in der Centrifuge ausgeschleudert, gewaschen und hierauf getrocknet. Naturgemäss kann man auf diese Weise nur einen verhältnissmässig kleinen Theil der Gesammtproduktion an Säure reinigen. Ist man genöthigt, grössere Mengen vollkommen chemisch reiner Säure darzustellen, so wird man die Reinigung mit Chemikalien nicht umgehen können. Man behandelt in diesem Falle gute, von Eisen bereits befreite Weinsäurelaugen von etwa 20° Bé. mit kleinen Mengen von Schwefelcalcium und kohlensaurem Baryum, bis abfiltrirte Proben der Lauge weder mit verdünnter Schwefelsäure noch

mit Chlorbaryum eine Fällung, noch auch mit frisch bereitetem
Schwefelwasserstoff-Wasser eine Färbung geben. Die so erhaltene Lauge wird filtrirt, in Thonkesseln eingedampft, bei etwa
34° Bé. nochmals mit wenig Spodium entfärbt und sodann nach
dem Filtriren in Thonschalen wie oben zur Krystallisation gestellt.

6. Die Aufarbeitung der alten Laugen.

Die alten Mutterlaugen, aus welchen Weinsäure durch
Eindampfen und Krystallisiren nicht mehr gewonnen werden
kann, und welche mithin auf weinsauren Kalk umgearbeitet
werden müssen, enthalten im Mittel etwa 350 g Weinsäure p. l.
Die Zusammensetzung derartiger Restlaugen, soweit sie für den
Betrieb von Bedeutung ist, geht aus den folgenden beiden Analysen von alten Laugen hervor:

	I. g im l.	II. g im l.
Gesammt-Titer, berechnet als Weinsäure . . .	936	960
Gesammt-Organische Säure (bestimmt durch Neu- tralisiren, Veraschen und Titriren der Asche)	456	510
Freie Schwefelsäure	225	246
Gesammt-Schwefelsäure:	347	361
Weinsäure (Goldenberg-Analyse, Titriren unter Verwendung von Phenolphtaleïn):	345	417
Asche	168	170
Durch Ammoniak bei Gegenwart löslicher Kalk- salze fällbare mineralische Substanzen (Al, Fe, H_3PO_4)	80	88
Phosphorsäure (ber. als P_2O_5)	42	45

Da bei dem einfachen Ausfällen derartiger Laugen mit
Kreide oder Kalk ausser reichlichen Mengen von Gyps mit
dem weinsauren Kalk auch Thonerde, Eisen und Phosphorsäure niedergeschlagen werden, so müssen bei der Gewinnung des weinsauren Kalks aus den alten Laugen einige Vorsichtsmaassregeln beobachtet werden. Eine Trennung der genannten Verunreinigungen von der Weinsäure auf chemischem
Wege ist, ganz abgesehen von den etwaigen Kosten eines
solchen Verfahrens, nicht durchführbar. Halenke und Mös-

linger geben an, dass die Scheidung durch Alkalicarbonat
bei Gegenwart von Magnesiasalzen zu erreichen sei. Das Verfahren hat theoretisches Interesse, wenn es auch als zu kost-
spielig für die Praxis nicht in Frage kommt. Indessen ist es
Hölbling so wenig wie mir gelungen, nach den Angaben der
Patentschrift zu brauchbaren Resultaten zu gelangen. Nach
mündlicher Mittheilung des Herrn Dr. Möslinger ist es nicht
ausgeschlossen, dass die bei den Versuchen gemäss den Angaben der Patentschrift angewandten Mengen von Chlor-
magnesium unzureichend waren.

Das in den Fabriken zur Aufarbeitung der alten Laugen
übliche Verfahren besteht in folgenden Operationen: Abstumpfen
der Schwefelsäure mit Kalk, Abfiltriren des ausgeschiedenen
Gypses, Fällen der abfiltrirten Lauge bei Beobachtung gewisser
Vorsichtsmaassregeln, sodass der weinsaure Kalk grob krystallinisch, Thonerde-, Eisen- und Phosphorsäure-Verbindungen
als feiner Schlamm niedergeschlagen werden, Beseitigung der
Verunreinigungen durch Schlämmprocess. Die erforderlichen
Apparate sind daher: 1 ausgebleiter Bottich zum Abstumpfen
der alten Lauge, 1 Druckfass mit Filterpresse oder eine Nutsch-
filter-Einrichtung, 1 Bottich zum Ausfällen der abfiltrirten
Lauge, 1 kleinere Bütte zur Aufnahme der abgeschlämmten
Thonerde etc.-Verbindungen.

Die Ausführung des Verfahrens gestaltet sich folgendermaassen: Ein genau abgemessenes oder abgewogenes Quantum
alter Lauge wird in die mit Rührwerk versehene Abstumpfbütte eingetragen. Man berechnet aus dem durch Analyse
ermittelten Titer und Weinsäure-Gehalt der Lauge, wie viel
Aetzkalk (CaO) zur Abstumpfung der in der Lauge enthaltenen
Nichtweinsäure erforderlich ist. 90 Proc. der berechneten Aetz-
kalk-Menge werden hierauf abgewogen und in einer Bütte mit
Wasser abgelöscht, zu dünner Kalkmilch angerührt und sodann langsam unter stetigem Rühren in die mit der gleichen
Menge Wasser verdünnte alte Lauge eingetragen. Es empfiehlt sich, nicht mehr als 90 Proc. der berechneten Kalk-
menge zur Abstumpfung zu verwenden, weil der niederfallende

Gyps sonst leicht weinsäurehaltig wird. Einer künstlichen Erwärmung der alten Lauge in der Abstumpfbütte bedarf es nicht, weil die entstehende Reaktionswärme ausreichend ist. Wichtig ist es, dass die Kalkmilch sorgfältig verrührt ist, damit sich beim Abstumpfen nicht kleine Gypsklümpchen bilden, welche noch Kalkhydrat einschliessen. Nachdem sämmtliche Kalkmilch eingetragen ist, lässt man die Masse noch einige Stunden, am besten über Nacht, rühren und filtrirt dann den Gyps mit Filterpresse oder Nutschfilter ab. Das Auswaschen des Gypses muss schnell und gründlich geschehen, damit der Gyps während des Auswaschens durch Wasserbindung nicht erhärtet, und hierdurch ein völliges Auslaugen der Weinsäure unmöglich gemacht wird. Eine Durchschnittsprobe des ausgewaschenen Gypses wird analysirt, weil derselbe nöthigenfalls nochmals mit Wasser angerührt und abfiltrirt werden muss. Die abfiltrirte Lauge wird in dem Fällbottich auf 5^0 Bé. (kalt) eingestellt, mit Dampfzuleitungsrohr auf 60^0 C. aufgeheizt und nun mit Schlemmkreide, welche in Wasser angerührt ist, ausgefällt. Als Endreaktion dient Zusatz von etwas Schwefelsäure zu einer Probe der Fällung: eine Gasentwicklung, die nur äusserst gering sein darf, zeigt an, dass die Fällung vollständig ist. Zur Abkühlung des Abwassers lässt man das Rührwerk der Fällbütte hierauf noch bis zum übernächsten Tage laufen und stellt sodann, nachdem man sich überzeugt hat, dass das Abwasser eine hinreichende Menge löslichen Kalksalzes und mithin kein weinsaures Alkali enthält, die Rührvorrichtung ab. Sobald das Abwasser sich klar abgesetzt hat, wird es abgezogen. Eine Probe desselben muss jedesmal analysirt werden; es soll nicht mehr als 2,4 g Weinsäure p. 1 enthalten. Der schlammhaltige weinsaure Kalk in der Fällbütte wird 3mal nacheinander mit Wasser angerührt, indem man die Bütte jeweils etwa $\frac{1}{3}$ mit Wasser anfüllt. Sobald das Rührwerk abgestellt ist, setzt sich der grob krystallinische weinsaure Kalk schnell zu Boden. Man zieht die darüberstehende wässrige Flüssigkeit, welche den feinen Schlamm suspendirt enthält, wenige Minuten nach dem Abstellen des

Rührwerks in die tiefer aufgestellte Schlammbütte ab, lässt das Waschwasser sich hier klären und sammelt so die gesammte Schlamm-Menge an.

Der nach 3maligem Auswaschen in der Fällbütte zurückbleibende weinsaure Kalk ist gelblich, von grob krystallinischer Beschaffenheit und besitzt im trockenen Zustande einen Weinsäure-Gehalt von 50—52 Proc. Er kann ohne Weiteres mit dem aus dem Rohmaterial gewonnenen weinsauren Kalk vermischt werden, sodass die daraus dargestellte Weinsäure als Rohlauge wieder in den Krystallisations-Betrieb gelangt.

In je 100 l des von Wasser durch Abziehen möglichst befreiten Schlammes sind etwa 40 kg eines stark verunreinigten weinsauren Kalks enthalten. Im trockenen Zustande kann dieser weinsaure Kalk immerhin noch einen Weinsäure-Gehalt von 35 Proc. besitzen, sodass 100 l des Schlammes noch etwa 14 kg Weinsäure enthalten. Es ist daher nicht zulässig, denselben einfach aus der Fabrik zu entfernen. Man versetzt je 100 l des Schlammes mit der empirisch ermittelten Menge von 8 kg Schwefelsäure (60° Bé.), giebt zu der Masse, um demnächst ein klares Filtrat zu erzielen, etwa 50 kg aus der Fabrikation herrührenden Gyps hinzu, filtrirt den Schlammgyps ab und vereinigt das gewonnene Filtrat mit den aus der alten Lauge durch Abstumpfen erhaltenen Lösungen. Nach dem Auswaschen darf der sogenannte Schlammgyps noch bis zu 2 Proc. Weinsäure enthalten. Diese Weinsäure giebt man, nachdem ihr Quantum durch Analyse kontrollirt ist, verloren, weil der Schlammgyps die gefährlichen Verunreinigungen, Thonerde, Phosphorsäure, Eisen, enthält, welche aus der Fabrik entfernt werden müssen.

Obwohl bei der Verarbeitung der alten Laugen durch die Abwässer und durch den Schlammgyps nicht unbeträchtliche Weinsäure-Verluste entstehen, wird doch, wenn man durch Wägen und Analysiren die Weinsäure-Menge in den alten Laugen einerseits und in dem weinsauren Kalk andererseits ermittelt, scheinbar eine Mehrausbeute an Weinsäure im weinsauren Kalk gegenüber der in alter Lauge eingesetzten Menge erzielt. So ergab sich die Weinsäure-Ausbeute bei der Umarbeitung alter Lauge auf weinsauren Kalk in einer längeren Fabrikations-Periode nach der Phenolphtaleïn-Analyse zu 107,7 Proc., während in einer Reihe von Versuchen nach der Lakmus-Analyse sogar eine durchschnittliche Ausbeute von 130,7 Proc. erreicht wurde. Der mittlere Verlust an Weinsäure durch Abwasser und Schlammgyps betrug, soweit er durch Analysen nachgewiesen werden konnte, bei Verarbeitung der alten Laugen 11,4 Proc. (berechnet auf die in der alten Lauge enthaltene Weinsäure-Menge). Es ergiebt sich hieraus, dass bei der Analyse der alten Laugen der Weinsäure-Gehalt nach der Phenolphtaleïn-Analyse um 19,1 Proc., nach der Lakmus-Analyse sogar um 42,1 Proc. niedriger gefunden wurde, als er thatsächlich ist. Dies Ergebniss bestätigt die Angaben Lampert's über die Analysen der Weinsäure-Laugen sowie die in dem vorstehenden analytischen Theile dieser Arbeit mitgetheilten Ausführungen über die Phenolphtaleïn-Titration bei Betriebs-Analysen.

Wenn sich so ergiebt, dass durch die Gegenwart von Thonerde, Phosphorsäure und Eisen für die Analyse ein Theil der vorhandenen Weinsäure gewissermaassen verschwindet, und mithin nur durch die Phenolphtaleïn-Titration bei den Betriebs-Analysen annähernd richtige Ergebnisse erzielt werden, so würde es doch, wie ich zur Vermeidung unrichtiger Schlüsse aus obigen Angaben wiederhole, in keiner Weise gerechtfertigt sein, die Phenolphtaleïn-Bestimmung bei der Analyse der Rohmaterialien zu Grunde zu legen. Es kann nach den Ausführungen im analytischen Theile keinem Zweifel unterliegen, dass für den Weinsäure-Fabrikanten von zwei Rohmaterial-Posten mit gleichem Weinsäure-Gehalt nach der Lakmus-Analyse derjenige am werthvollsten ist, welcher bei der Titration mit Phenophtaleïn den geringeren Mehrgehalt aufweist.

Fabrikations-Bücher und Betriebs-Ergebnisse.

I. Die Fabrikations-Buchführung.

Zur Uebersicht über den Betrieb führt man die folgenden Fabrikations-Tagebücher, deren zweckentsprechende Einrichtung aus den nachstehenden Beispielen hervorgeht.

1. Ansatz-Journal.

(Als Beispiel dient das neutrale Verfahren.)

Fabr. No.	Bütte No.	Datum des An-setzens	Datum des Pressens	Rohmaterial Bezeichnung	kg	% Ws.	Ws. kg	$CaCl_2$ (75%) kg	Neutralisation Tp.	H_2SO_4 60° Bé. kg	Gr. Bé. der Lauge	Ab-wasser g Ws. p.l.	Bemer-kungen
35	6	11/IV.	14/IV.	H AOC 510 ARF 176 Wst. MS 56	986 394 120	26,5 24,2 56,8	424	130	21°	450	9,5°		—
36	8	11/IV.	14/IV.	H ARF 176	1700	24,2	411	120	20,5°	435	8°	0,05	—
37	9	12/IV.	14/IV.	H ARF 176 Wst. MS 56	1500 150	24,2 56,8	448	135	20,5°	460	9,3°		—

2. Fabrikation der Rohkrystalle.

Kasten No.	Datum des Einfüllens	Datum des Entleerens	Lauge Lit.	Lauge Bé.	Lauge Tp.	Ausbeute: Kryst. kg	Bemer-kungen
7	20/XI.	22/XI.	1560	43	75	980	—
4	20/XI.	22/XI.	1510	44	75	952	—
2	21/XI.	23/XI.	1480	43	75	835	—

3. Fabrikation der schwarzen und weissen Krystalle.

Kasten No.	Datum des		Bez. der Lauge	Lauge			Ausbeute: Kryst. kg	Bemer- kungen
	Einfüllens	Entleerens		Lit.	Bé.	Tp.		
5	20/XI.	23/XI.	sch. I	1580	46	75	1078	—
10	20/XI.	26/XI.	sch. II	1360	48	75	672	—
9	20/XI.	24/XI.	w. I	1580	44	75	1008	—

4. Fabrikation der reinen spiessigen Krystalle.

Lfd. No.	Kasten No.	Bez. der Lauge	Datum des		Einsatz			Zusatz (kg)			Lauge			Aus- beute: Kryst.
			Ein- füllens	Ent- leerens	Mutter- lauge von No.	Krystalle Bez.	kg	Spo- dium	Blutl.- salz	H_2SO_4	Lit.	Bé.	Tp.	
14	32 33 37 38	I	4/VIII.	10/VIII.	—	Roh- Kryst.	1669	30	3	—	550 430 530 340	40	90	697
15	51 50 49	II	4/VIII.	10/VIII.	9 u. 10	—	—	15	2	—	510 490 470	40	90	562

5. Fabrikation der Schalensäure.

Fabr. No.	Datum des		Bez. der Lauge	Eingesetzte Kryst. kg	Anzahl der Schalen	Ausbeute: Krystalle kg	Bemer- kungen
	Einfüllens	Entleerens					
40	10/XII.	12/XII.	I	540	50	126	—
41	10/XII.	12/XII.	II	—	50	120	—
42	11/XII.	13/XII.	I	640	60	148	—
43	11/XII.	13/XII.	II	—	65	150	—

6. Aufarbeitung der alten Laugen.

Fabr. No.	Datum des		Alte Lauge					CaO kg	Abfall-Produkte			Ausbeute. Weins. Kalk			Bemer- kungen
	Ab- stum- pfens	Fällens	Lit.	Bé.	Titer. g Ws. p. l.	Anal. g Ws. p. l.	Ws. kg		Gyps Ws. %	Abwasser g Ws. p. l.	Schl.- Gyps Ws. %	kg (feucht)	Ws. %	Ws. kg	
15	13/V.	17/V. 18/V. 20/V. 21/V.	1000	44	755	340	340	208	0,06	1,80 2,40 2,10 2,40	1,20	140 330 150 170	41,5 42,5 42,0 42,0	58 140 63 71	

So wünschenswerth es ist, die einzelnen Betriebsphasen quantitativ durchzuarbeiten und namentlich genau zu bestimmen, welches Quantum Weinsäure aus der Bearbeitung des Rohmaterials hervorgeht und in die Krystallisation als Rohlauge übernommen wird, so muss hierauf doch verzichtet werden, weil es nicht möglich ist, die erforderlichen Messungen, Wägungen und Analysen mit der nöthigen Genauigkeit durchzuführen. Ob der Weinsäure-Betrieb gleichmässig weiterläuft, oder ob allmählich Aenderungen in der Arbeitsweise und in dem Verhältniss der in den einzelnen Fabrikationsphasen auftretenden Weinsäure-Mengen stattfinden, erkennt man am besten aus einer Fabrikations-Uebersicht, welche man aus den Betriebstagebüchern monatlich und jährlich in etwa folgender Weise zusammenstellt. Die in den verschiedenen Fabrikationsphasen vorkommenden Weinsäure-Mengen werden dabei zweckmässig auf den Gesammt-Weinsäure-Einsatz der betr. Fabrikations-Periode bezogen und in Procenten ausgedrückt.

(Tabelle siehe nebenstehend.)

II. Die Inventuren.

Von wesentlichster Bedeutung ist es für den Betrieb einer Weinsäure-Fabrik, dass die Ausbeuteziffer bekannt ist, dass man genau weiss, wie viel kg Weinsäure man durch den Betrieb aus je 100 kg im Rohmaterial eingesetzter Weinsäure erhält. Diese Ziffer, über deren Höhe bereits auf den Seiten 57, 58 dieses Buches nähere Angaben gemacht wurden, ist nicht allein wichtig, weil der Preis der Weinsäure verhältnissmässig hoch ist, sondern auch deshalb, weil die auf die Verarbeitung des Rohmaterials angewandten Kosten für Hülfsmaterialien, Löhne und Spesen in demselben Maasse anwachsen, wie die Ausbeuteziffer an Weinsäure fällt und umgekehrt. Da es für den regelmässigen Betrieb durchaus nothwendig ist, dass von jedem Zwischenprodukt und jeder Lauge ein normales Quantum vorhanden ist, so kann die Ausbeuteziffer nicht dadurch ermittelt werden, dass man eine

Fabrikations-Uebersicht.

Monat	Hefe-Betrieb a) Roh-material b) Wein-säure kg	Analysen Rück-stände	Ab-wasser	Rohlaugen Lit.	Ws. kg	% v. Ein-satz	Ausbeute kg	%	Schwarze Laugen I Lit.	Ws. kg	% v. Ein-satz	Ausbeute kg	%	Schwarze Laugen II u. III Lit.	Ws. kg	% v. Ein-satz	Ausbeute kg	%	Weisse Laugen I Lit.	Ws. kg	% v. Ein-satz	Ausbeute kg	%
März	126136 = **29389** kg Ws.	0,08	0,13	32910 zu 960 g Ws.	31593	107,5	19224	60,8	35560 zu 850 g Ws.	30226	100,3	23288	77,0	18123 zu 600 g Ws.	10874	37,0	8254	76,0	53560 zu 1000 g Ws.	53560	182,5	34209	63,8
April	112586 = **28600** kg Ws.	0,06	0,10	32920 zu 960 g Ws.	31603	110,5	18962	60,0	36550 zu 850 g Ws.	31068	108,6	25105	81,1	20620 zu 600 g Ws.	12372	43,2	9606	77,6	41783 zu 1000 g Ws.	41783	145,7	25581	61,2

Monat	Reine Laugen (Schalen) Ver-arbeitete Krystalle kg	Anzahl Schalen	Ausbeute kg	p. Schale	%	Reine Lauge (spiessig) Lit.	kg	Ausbeute kg	%	Alte Laugen Lauge Lit.	kg	% v. Ein-satz	Ca T Lit.	kg	%	Analysen Gyps	Schlamm-Gyps	Abwässer	Gesammt-Ablieferung kg	% v. Ein-satz	Bemerkungen
März	21405	4512	10350	2,29	48,3	67515 zu 1020 g Ws.	68865	28950	42,0	3060	983	3,3	2485	1022	104,0	0,00	1,0	1,80	29703	101,1	—
April	16575	3927	8331	2,12	50,2	68610 zu 1020 g Ws.	69982	29709	42,6	6030	2075	7,3	5325	2180	105,0	0,01	1,4	1,90	22820	79,8	—

Anmerkung: Ein Abzug für den Wassergehalt der ausgeschleuderten Krystalle ist nicht vorgenommen. — Da die Ablieferung fertiger Waare in den einzelnen Monaten von Zufälligkeiten abhängig ist, kann das Verhältniss der Menge fertig gestellter Säure zu der Menge des Weinsäure-Einsatzes und der reinen Laugen erst in der Jahres-Zusammenstellung richtig hervortreten.

bestimmte Rohmaterial-Menge so weit verarbeitet, bis das letzte kg der aus dem Rohmaterial-Posten zu gewinnenden Weinsäure in Form fertiger Waare die Fabrik verlassen hat, sondern es muss zu Beginn einer Fabrikations-Periode die Menge der im Betrieb vorhandenen Weinsäure genau ermittelt werden, und die Ausbeuteziffer sodann aus dem eingesetzten Rohmaterial, der abgelieferten Waare und der bei Beginn und Schluss der Fabrikations-Periode im Betrieb befindlichen Weinsäure-Menge bestimmt werden. Je genauer das Inventar bei Anfang und Ende der Fabrikations-Periode in Menge und Form der Weinsäure übereinstimmt, um so einwandfreier wird die aus Einsatz und Ablieferung sich ergebende Ausbeuteziffer sein. Die etwa vorhandenen Inventar-Differenzen müssen in Rechnung gestellt werden. Bezeichnet man mit E die Anzahl der kg Weinsäure, welche in einer Fabrikations-Periode eingesetzt wurden, mit A die Ablieferung während der betreffenden Zeit in kg, mit J_1 die kg-Zahl des Fabrikations-Inventars bei Beginn und mit J_2 bei Schluss der Periode, so ergiebt sich, vorausgesetzt, dass die Differenz von J_1 und J_2 verhältnissmässig klein ist gegenüber E und dass $J_1 =$ oder $> J_2$ ist, die Ausbeuteziffer z durch folgende Rechnung:

$$z = \frac{100 \cdot A}{E + (J_1 - J_2)}.$$

Wenn das Inventar am Schluss einer Fabrikations-Periode grösser ist als am Anfange, so kann man die Differenz nicht einfach als abgelieferte fertige Weinsäure in Rechnung stellen, sondern man wird in diesem Falle von dem noch nicht bis zur Ablieferung fertiggestellten Quantum Weinsäure einen entsprechenden Fabrikations-Verlust von z. B. 5 Proc. abschreiben müssen. Für den Fall $J_1 < J_2$ würde sich mithin, wiederum unter der Voraussetzung, dass die Inventar-Differenz $(J_2 - J_1)$ klein ist gegen E, für z der folgende Werth ergeben:

$$z = \frac{100\,[A + 0{,}95\,(J_2 - J_1)]}{E}.$$

Nach den beiden obigen Formeln kann die Ausbeuteziffer mit Zuverlässigkeit nur dann berechnet werden, wenn es sich um eine längere Fabrikations-Periode, d. h. also um einen verhältnissmässig grossen Weinsäure-Einsatz und um untereinander ähnliche Fabrikations-Inventare bei Beginn und Schluss der Periode handelt. Bestehen unter den beiden Inventaren grosse Differenzen, so kann die Ausbeuteziffer nur annähernd unter Berücksichtigung der óbwaltenden besonderen Verhältnisse bestimmt werden. Für kurze Fabrikations-Perioden, bei welchen der Weinsäure-Einsatz nicht sehr gross ist im Vergleich zu der Höhe des Inventars, kann eine wahrscheinliche Ausbeuteziffer überhaupt nicht ermittelt werden. Im normalen Betriebe ist die Menge der jeweils in Fabrikation befindlichen Weinsäure etwa so gross wie die monatliche Produktion. Bei dieser normalen Grösse des Inventars kann die Ausbeuteziffer mit einiger Wahrscheinlichkeit, etwa nach Verlauf einer halbjährigen Fabrikations-Periode, mit Sicherheit erst nach Beendigung einer ganzjährigen Periode ermittelt werden. Es hat somit keinen Zweck, in kürzeren als halbjährlichen Zwischenräumen Fabrikations-Inventuren vorzunehmen, weil andernfalls durch die beim Messen, Wägen und Analysiren der Laugen und sonstigen Zwischenprodukte unvermeidlichen Fehler nur durchaus unsichere Werthe für die Ausbeuteziffer gewonnen werden können.

Bei den Inventuren sucht man die in Fabrikation wirklich vorhandene Weinsäure-Menge möglichst genau zu bestimmen, ohne Rücksicht darauf zu nehmen, welche Menge fertiger Weinsäure aus den einzelnen Zwischenprodukten voraussichtlich gewonnen werden kann. Die in den Hefebütten befindlichen Ansätze werden mit ihrer Eingangsgradirung aufgenommen, die dünnen in der Rohlauge-Fabrikation verbleibenden Waschwässer werden annähernd abgemessen und mit ihrer mittleren Gradirung berechnet. Sämmtliche Laugen des Krystallisations-Betriebes werden gemessen und analysirt. Man verfährt am besten so, dass man von der im Vakuum fertig eingedampften Lauge beim Ablassen in die Krystallisir-Kästen 50 ccm entnimmt, zu 500 ccm verdünnt und 50 ccm, wie im analytischen Theil angegeben, zur Analyse verwendet. Etwa vorhandene

Material-Verbrauch.

Monat	Rohmaterial			Kreide		Kalk		$H_2 SO_4$ 60° Bé.		HCl 20° Bé.		Ca Cl$_2$ 75 %		Blutlaugen-Salz		Knochen-Kohle	
	kg	Ws. %/₀	Ws. kg	kg	%/₀ v. Eins.	kg	%/₀ v. Eins.	kg	%/₀ v. Eins.	kg	%/₀ v. Eins.	kg	%/₀ v. Eins.	kg	%/₀ v. Eins.	kg	%/₀ v. Eins.
März	126136	23,3	29389	118	0,4	9400	32,0	37190	126,5	3290	11,2	10050	34,2	82	0,28	1990	6,8
April	112586	25,4	28600	56	0,2	8695	30,4	37060	129,6	3140	11,0	8980	31,4	115	0,40	2060	7,2

Monat	Jute		Baum-wollstoff		Kameel-haartuch		Schmier-mittel		Stein-kohlen		Lohn Stunden		Lohn M.		Spesen (inkl. Gehälter, Reparat., Unkost.)		Ablieferung		Be-mer-kungen
	m	%/₀ v. Eins.	m	%/₀ v. Eins.	m	%/₀ v. Eins.	kg	%/₀ v. Eins.	dz	%/₀ v. Eins.	An-zahl	p. 100 kg Eins.	Sa.	p. 100 kg Eins.	M.	p. 100 kg Eins.	kg	%/₀ v. Eins.	
März	528	1,8	117	0,4	123	0,42	120	0,4	1705	580	5968	20,3	1446,05	4,92	3271,10	11,13	29703	101,1	—
April	—	—	118	0,4	150	0,52	120	0,4	1718	600	6350	22,2	1530,35	5,35	2874,22	10,05	22820	79,8	—

Krystalle werden abgewogen, gefüllte Schalen werden mit einem ermittelten ständigen Durchschnittswerthe in Rechnung gestellt, Reste in den Entfärbungsbütten werden gemessen und analysirt und die in Umarbeitung befindliche alte Lauge wird in weinsauren Kalk übergeführt, um als solcher aufgenommen zu werden.

III. Betriebs-Ergebnisse.

Um über die Betriebs-Ergebnisse fortlaufend einen Ueberblick zu behalten, trägt man den Verbrauch an Hülfsmaterialien und Löhnen monatlich in einer Uebersicht zusammen. Man setzt dabei die verbrauchten Materialien in Beziehung zu je 100 kg im Rohmaterial eingesetzter Weinsäure. Will man später bei Jahresschluss die Verbrauchsziffer für 100 kg fertige Weinsäure bestimmen, so braucht man nur die auf den Einsatz bezogenen Procentzahlen nach Maassgabe der ermittelten Weinsäure-Ausbeuteziffer zu erhöhen. Bei der Eigenart des Weinsäure-Betriebes ist dies Verfahren geboten, weil man die Ausbeuteziffer vor Schluss einer Fabrikations-Periode nicht mit Sicherheit angeben kann.

Die Uebersicht über den Material-Verbrauch kann etwa nach folgendem Schema geführt werden:

(Tabelle siehe nebenstehend.)

Zum Schluss sei eine kaufmännische Kalkulation der Weinsäure-Fabrikation nach dem neutralen Verfahren gegeben, deren Aufstellung auf Grund der von mir ermittelten Material-Verbrauchs-Ziffern ich der Gefälligkeit einer befreundeten Firma verdanke:

Soll.   **Weinsäure - Fabrikation**

Bezeichnung der Conti	Eingesetzte Rohwaaren auf 100 kg Einsatz kg	kg	kg Weinsäure	Für 100 kg Ws.-Einsatz (396 000 kg) M.	Für 100 kg Ws.-Ablieferung (360 000 kg) M.	Einkaufs-Preise M.	Eingesetzte Werthe M.
An Weinhefe		1 320 000 ca. 25%	330 000	165,00		41,25	544 500,00
- Rohweinstein . . .		132 000 ca. 50%	66 000	175,00		87,50	115 500,00
			396 000	166,60	183,30		660 000,00
					16,70		
- Löhne					5,50		20 000,00
- Schwefelsäure . . .	129	510 800				3,24	16 550,00
- Salzsäure	11	43 560				3,37	1 468,00
- Kalk	32	126 670				1,50	1 900,00
- Chlorcalcium (75%) .	33	130 680			8,55	3,00	3 920,00
- Knochenkohlen . . .	7	27 720				12,00	3 326,00
- verschied. Chemikalien	—	—				—	3 603,00
- Presstücher	2,1 m	8 316 m			2,20	2,40 / 0,40	7 920,00
- Steinkohlen	550	2 178 000			6,65	1,10	23 958,00
- Reparaturen					3,00		11 880,00
- Allgemeine Unkosten .					2,80		10 000,00
- Handlungs-Unkosten .					1,60		6 000,00
- Salaire					4,40		16 000,00
- Amortisation 10% de 200 000 M.					5,50		20 000,00
- Interessen 4% de 500 000 M.					5,50		20 000,00
					[45,70]		

Verkaufs-Spesen:

Weinsäure-Waarenspesen	25 000 M.
Decort	3 000 -
Waarenprovision . . .	7 000 -
Emballage	8 000 -
Sa.	43 000 M.

           M. 229,00   M. 820 760,00

für das Jahr 1896.   *Haben.*

Abgelieferte Waaren und Inventar	Ab-gelieferte Weinsäure	Be-triebs-verlust % Wein-säure	Verkaufs-Preise M.	Abgelieferte Werthe M.
Per Weinsäure	360 000		Brutto: 253,60 Netto: 241,60	869 760,00
	kg 360 000			M. 869 760,00
Fabrikations-Inventar d. 1 I. 96: 30 000 kg ca. 2,00 : M. 60 000 d. 31 XII. 96: 30 000 - - 2,00 : - 60 000			—	—
		9%		
Gewinn				50 000,00
				M. 820 760,00

Vorstehender Kalkulation ist ein Anlage- und Betriebs-Kapital von 500 000 M. zu Grunde gelegt, sodass der Reingewinn von 50 000 M. einer Rentabilität von 10 Proc. entspricht. Die Quote, d. h. die Differenz zwischen Nettoeinkaufspreis des Rohmaterials und Nettoverkaufspreis der fertigen Säure ist der Marktlage in den letzten Jahren entsprechend: 75 M. Die Gesammt-Fabrikationsspesen betragen ausschliesslich Betriebsverlust 45,70 M. und einschliesslich 9 Proc. Betriebsverlust (16,70 M. mehr) = 62,40 M. Der Herstellungspreis der Weinsäure beträgt 229 M. Die nachträglich noch entstehenden Verkaufsspesen von 12 M. p. 100 kg sind am Bruttoverkaufspreis in Abzug gebracht. Der Unterschied zwischen Herstellungspreis und Nettoverkaufspreis beträgt 12,60 M. pro 100 kg. Die tägliche Produktion beträgt 1200 kg Weinsäure; durch Mehrfabrikation vermindern sich die Hauptspesen im Verhältniss zu obigem Einsatz.

Verlag von **Julius Springer** in Berlin N.

Chemisch-technische Untersuchungsmethoden

der

Gross-Industrie, der Versuchsstationen und Handelslaboratorien.

Unter Mitwirkung von

C. Balling, M. Barth, Th. Beckert, R. Benedikt C. Bischof, E. Büchner, C. Councler, C. v. Eckenbrecher, A. Ehrenberg, A. Frank, O. Guttmann, W. Herzberg, P. Jeserich, C. Kretzschmar, O. Mertens, A. Morgen, R. Nietzki, A. Pfeiffer, B. Philips, E. Ritsert, E. Scheele, H. Seger, F. Simand, K. Stammer, A. Stutzer, R. Weber, A. Ziegler

herausgegeben von

Dr. Friedrich Böckmann.

Zwei Bände.

Mit 194 in den Text gedruckten Abbildungen.

Dritte vermehrte und umgearbeitete Auflage.

Preis M. 32,—; in Halbfranz gebunden M. 36, —.

Quantitative Analyse durch Elektrolyse.

Von

Dr. Alexander Classen,

Geheimer Regierungsrath, Professor für Elektrochemie und anorganische Chemie an der Königl. Technischen Hochschule, Aachen.

Vierte, umgearbeitete Auflage.

Unter Mitwirkung von **Dr. Walther Löb**, Privatdocent der Elektrochemie an der Königl. Technischen Hochschule, Aachen.

—— *Mit 74 Textabbildungen und 6 Tafeln.* ——

In Leinwand geb. Preis M. 8, —.

Anleitung zur chemisch-technischen Analyse.

Für den Gebrauch an Unterrichts-Laboratorien

bearbeitet von

Prof. F. Ulzer, und **Dr. A. Fraenkel,**

Leiter der Versuchsstation f. chem. Gewerbe   Adjunct

am k. k. Technolog. Gewerbemuseum in Wien.

—— *Mit in den Text gedruckten Abbildungen.* ——

In Leinwand gebunden Preis M. 5, —.

Anleitung zur quantitativen Bestimmung

der

organischen Atomgruppen.

Von

Dr. Hans Meyer,

Assistent für analytische Chemie an der k. k. Technischen Hochschule in Wien.

Mit in den Text gedruckten Abbildungen.

Gebunden Preis M. 3,—.

Zu beziehen durch jede Buchhandlung.

Verlag von Julius Springer in Berlin N.

Die Prüfung der chemischen Reagentien auf Reinheit.

Von

Dr. C. Krauch.

Dritte, gänzlich umgearbeitete und sehr vermehrte Auflage.

In Leinwand gebunden Preis M. 9,—.

Leitfaden für Zuckerfabrikchemiker

zur Untersuchung der in der Zuckerfabrikation vorkommenden Produkte und Hilfsstoffe.

Von

Dr. E. Preuss,

Chemiker des Dr. C. Scheibler'schen Laboratoriums (R. Fiebig) in Berlin.

Mit 33 in den Text gedruckten Abbildungen.

In Leinwand gebunden Preis M. 4,—.

Die chemische
Untersuchung und Beurtheilung
des Weines.

Unter Zugrundelegung der amtlichen,

vom Bundesrathe erlassenen

„Anweisung zur chemischen Untersuchung des Weines"

bearbeitet

von

Dr. Karl Windisch,

Ständigem Hülfsarbeiter im Kaiserlichen Gesundheitsamte,
Privatdocenten an der Universität Berlin.

Mit 33 in den Text gedruckten Figuren.

In Leinwand gebunden Preis M. 7,—.

Zeitschrift für angewandte Chemie.
Organ des Vereins Deutscher Chemiker.

Herausgeber: **Prof. Dr. Ferd. Fischer.**

Erscheint monatlich zweimal.

Preis für den Jahrgang M. 20,—.

Im Buchhandel auch Vierteljahres-Abonnements zu M. 5,—.

Zu beziehen durch jede Buchhandlung.

Verlag von Julius Springer in Berlin N.

Analyse der Fette und Wachsarten.

Von

Dr. Rudolf Benedikt,

weil. Professor an der k. k. Technischen Hochschule in Wien.

Dritte erweiterte Auflage

herausgegeben

von **Ferdinand Ulzer,** Professor am k. k. Technologischen Gewerbe-Museum in Wien.

Mit dem Bildniss Benedikts in Photogravüre und 48 Textfiguren.

In Leinwand gebunden Preis M. 12,—.

Taschenbuch für die Mineralöl-Industrie.

Von

Dr. S. Aisinman.

—— *Mit 50 Abbildungen im Text.* ——

In Leder gebunden Preis M. 7,—.

Taschenbuch

für die

Soda-, Pottasche- und Ammoniak-Fabrikation.

Herausgegeben im Auftrage des Vereins Deutscher Sodafabrikanten

von

Dr. G. Lunge,

Professor der technischen Chemie am eidgenössischen Polytechnikum in Zürich.

Zweite, umgearbeitete Auflage.

Mit 14 in den Text gedruckten Figuren.

In Leder gebunden Preis M. 7,—.

Die Fabrikation der Kartoffelstärke.

Von

Prof. Dr. O. Saare,

Vorsteher des Laboratoriums des Vereins der Stärke-Interessenten
in Deutschland.

Mit zahlreichen in den Text gedruckten Abbildungen und 5 Tafeln.

In Leinwand gebunden Preis M. 15,—.

Zu beziehen durch jede Buchhandlung.